鹅
生态高效养殖技术

◎ 高本刚　李典友　编著

中国农业科学技术出版社

图书在版编目（CIP）数据

鹅生态高效养殖技术／高本刚，李典友编著 . —北京：中国农业
科学技术出版社，2018. 1

ISBN 978-7-5116-3303-3

Ⅰ . ①鹅⋯   Ⅱ . ①高⋯②李⋯   Ⅲ . ①鹅–高效养殖   Ⅳ . ①S835.4

中国版本图书馆 CIP 数据核字（2017）第 256065 号

选题策划	闫庆健
责任编辑	闫庆健
文字加工	孟宪松
责任校对	马广洋

出 版 者	中国农业科学技术出版社
	北京市中关村南大街 12 号　邮编：100081
电　　话	（010）82106632（编辑室）　　（010）82109704（发行部）
	（010）82109709（读者服务部）
传　　真	（010）82106625
网　　址	http：//www.castp.cn
经 销 者	各地新华书店
印 刷 者	北京昌联印刷有限公司
开　　本	850mm×1 168mm　1/32
印　　张	7. 5
字　　数	180 千字
版　　次	2018 年 1 月第 1 版　2018 年 1 月第 1 次印刷
定　　价	20. 00 元

内容提要

　　鹅为草食性水禽。市场上对鹅肉、羽绒、肥肝等鹅产品的要求量越来越多。鹅体型大，有胴体、品质好，适应性强，耐粗饲，以放牧为主、生长速度快，饲养设备和技术简单，饲养成本低，经济效益好等特点。为了促进养鹅业向"高产、优质、高效"标准持续发展转化推动养鹅业向规模化，集约化和产业化方向转化，笔者编写了《鹅生态高效养殖技术》一书。

　　本书系统阐述了鹅的经济价值，形态特征与生活习性，鹅的主要品种及其生产性能，养鹅场地，鹅舍及用具，鹅的营养与饲料、饲养管理、填饲育肥和育肥肝生产技术、选育与繁殖、常见病防治、公鹅阉割术。本书内容丰富、新颖、科学实用，实践性和可操作性较强，技术先进，方法具体，文字通俗易懂，图文并茂，可供广大农户、养殖专业场、基层畜牧兽医、畜禽技术人员阅读使用。也可供农牧业大学、中专院校动物学、畜牧兽医等专业师生和教研人员参考。

前　言

　　鹅是我国传统养殖的禽种，我国鹅品种繁多且资源丰富，其中大多数为优良品种，生产性能已进入国际先进行列。鹅肉是理想的高蛋白，低脂肪，低胆固醇的营养保健食品，有益气补虚和胃止渴、止咳化痰等作用。民间有"喝鹅汤，吃鹅肉，一年四季不咳嗽"的说法。鹅肉味道鲜美、清香不腻。随着人民生活水平提高，鹅肉及羽绒、肥肝等产品已满足不了人民生活不断提高的需要。我国加入WTO之后，面对广阔的市场，增加了鹅肉、鹅产品的出口。鹅的饲养设备和技术较简单，投资少，成本低。有繁殖力较强，屠宰率高的特点。而且鹅体大，适应力强，生长发育快，耐粗饲，对青饲料消化率高，饲料来源广泛，使养鹅业具有很大的市场前景和经济效益。鹅又是草食性水禽，而我国草地和水域辽阔，可采用综合生态养殖方法，促进我国养鹅业迅速发展，向着集约化、规模化、产业化的方向迈进。成为一项投资少、见效快、效益高的养殖业。

　　为了促进养鹅业向"高产、优质、高效"方向持续发展，提高鹅产品国内外市场的竞争力和市场占有率，迫切需要适合养鹅生产者阅读的技术书籍。笔者长期深入养鹅生产场户，在调查总结各地养鹅先进经验的基础上，特此编写了《鹅生态高效养殖技术》这本书。

本书系统阐述了鹅的经济价值、形态特征与生活习性、鹅的主要品种及其生产性能、养鹅场地、鹅舍及用具、鹅需要的营养与饲料、饲养管理、选育与繁殖、常见鹅病的防治、公鹅阉割术。本书内容丰富、新颖、科学、实用，实践性和可操作性较强，技术先进，方法具体，文字通俗易懂，图文并茂，可供广大农户、养殖专业户、基层畜牧兽医、畜禽生产人员阅读使用；也可供大学、中专院校动物科学与技术、畜牧兽医以及相关专业教学和科研参考。

由于编者专业水平所限，书中疏漏、不当之处在所难免，恳请广大读者和同仁不吝赐教。

编著者
2017 年 10 月

目　　录

第一章　鹅的经济价值及养鹅业发展 ……………………（1）

第二章　鹅的形态特征与生活习性 …………………（6）

　第一节　鹅的形态特征 …………………………（6）

　　一、头部 …………………………………………（6）

　　二、颈部 …………………………………………（7）

　　三、躯干部 ………………………………………（8）

　　四、翼部 …………………………………………（8）

　　五、后肢部 ………………………………………（8）

　　六、尾部 …………………………………………（9）

　　七、羽毛 …………………………………………（9）

　第二节　鹅的生活习性 …………………………（10）

第三章　鹅的主要品种 ……………………………（14）

　第一节　鹅种的选择 ……………………………（14）

　　一、羽绒用型 ……………………………………（15）

　　二、蛋用型 ………………………………………（15）

　　三、肉用型 ………………………………………（15）

　　四、肥肝用型 ……………………………………（16）

　第二节　我国鹅的主要品种特征与生产性能…………（16）

一、标准品种 ……………………………………………（16）

二、鹅的主要品种 ………………………………………（17）

第三节　国外鹅的主要品种特征与生产性能 …………（36）

一、郎德鹅 ………………………………………………（36）

二、莱茵鹅 ………………………………………………（37）

三、埃姆登鹅 ……………………………………………（38）

四、奥拉斯鹅 ……………………………………………（39）

五、玛加尔鹅 ……………………………………………（40）

六、图卢兹鹅 ……………………………………………（41）

附：引进鹅种的注意事项 ………………………………（42）

第四章　养鹅场地、鹅舍及用具 …………………………（44）

第一节　养鹅场地的选择 ………………………………（44）

第二节　鹅舍的建造 ……………………………………（45）

一、育雏舍 ………………………………………………（46）

二、育肥舍 ………………………………………………（47）

三、种鹅舍 ………………………………………………（48）

四、种蛋孵化室 …………………………………………（49）

第三节　鹅场设备 ………………………………………（49）

第四节　鹅舍和用具消毒 ………………………………（50）

第五章　鹅的营养与饲料 …………………………………（51）

第一节　鹅体生长需要的营养物质 ……………………（51）

一、蛋白质 ………………………………………………（51）

二、脂肪 …………………………………………………（52）

三、碳水化合物 …………………………………………（53）

四、矿物质 ………………………………………………（54）

五、维生素 …………………………………………（54）

六、水分 ……………………………………………（56）

第二节 鹅的常用饲料 ……………………………（56）

一、青绿饲料 ………………………………………（56）

二、块根、块茎和瓜类饲料 ………………………（58）

三、谷实类饲料 ……………………………………（58）

四、糠麸类 …………………………………………（58）

五、动物性饲料 ……………………………………（59）

六、糟渣、饼粕类饲料 ……………………………（59）

七、矿物质饲料 ……………………………………（60）

八、添加剂饲料 ……………………………………（60）

第六章 鹅的饲养管理 ………………………………（63）

第一节 雏鹅的饲养管理 …………………………（63）

一、雏鹅品种的选择 ………………………………（64）

二、育雏舍和用具消毒 ……………………………（65）

三、合适的密度 ……………………………………（65）

四、适宜的温度 ……………………………………（66）

五、适宜的湿度 ……………………………………（67）

六、合适的光照 ……………………………………（68）

七、潮口和适时开食 ………………………………（68）

八、科学配制日粮 …………………………………（70）

九、精心饲喂 ………………………………………（71）

十、适时放牧与放水 ………………………………（72）

十一、管理与防疫 …………………………………（74）

第二节 青年鹅的饲养管理 ………………………（74）

第三节　育肥鹅的饲养管理 ……………………………（78）

　一、选择优质肉鹅品种 ……………………………（79）

　二、肉鹅育肥方法 …………………………………（79）

　三、育肥鹅的育肥标准 ……………………………（84）

第四节　种鹅的饲养管理 ……………………………（84）

　一、后备种鹅的饲养管理 …………………………（85）

　二、种鹅产蛋前期的饲养管理 ……………………（86）

　三、产蛋期母鹅的饲养管理 ………………………（88）

　四、停产期鹅的饲养管理 …………………………（92）

第五节　冬鹅的饲养管理 ……………………………（94）

　一、冬鹅的选种 ……………………………………（94）

　二、雏鹅阶段的饲养管理 …………………………（95）

　三、中鹅阶段的饲养管理 …………………………（96）

　四、育肥鹅阶段的饲养管理 ………………………（97）

第六节　种公鹅的饲养管理 …………………………（99）

第七章　生态养鹅 …………………………………（101）

第一节　种草养鹅 …………………………………（101）

第二节　鱼塘养鹅 …………………………………（104）

第三节　雏鹅放牧应注意的问题 …………………（105）

第四节　养鹅适时出栏上市 ………………………（106）

第八章　鹅选育与繁殖技术 ………………………（107）

第一节　繁殖性能 …………………………………（107）

第二节　种鹅各阶段的选择 ………………………（108）

　一、蛋选 …………………………………………（108）

　二、雏选 …………………………………………（108）

三、后备鹅的选择 …………………………………………（109）

四、种用育成鹅的选择 ……………………………………（110）

五、产蛋母鹅的选择 ………………………………………（111）

六、种鹅性别鉴定方法 ……………………………………（111）

第三节　配种 …………………………………………………（113）

第四节　种鹅的选配 …………………………………………（115）

一、本品种选育（纯合群体繁育） ………………………（115）

二、交杂繁育 ………………………………………………（116）

第五节　种鹅配种 ……………………………………………（118）

一、自然交配 ………………………………………………（119）

二、人工辅助配种 …………………………………………（120）

三、种鹅人工授精 …………………………………………（120）

第六节　鹅种蛋的孵化与出雏 ……………………………（126）

一、种蛋的构造 ……………………………………………（126）

二、种蛋的选择、保存、运输和消毒 ……………………（128）

三、鹅的胚胎发育 …………………………………………（132）

四、种蛋的人工孵化条件 …………………………………（134）

五、种蛋孵化方法 …………………………………………（139）

六、种蛋孵化效果的检查方法 ……………………………（151）

七、鹅摞蛋的运输 …………………………………………（153）

八、雏鹅的管理 ……………………………………………（154）

第九章　鹅常见病的防治 …………………………………（156）

第一节　鹅病的预防 ………………………………………（156）

一、加强饲养放牧管理 ……………………………………（156）

二、适时接种疫苗，增强特异性免疫力 …………………（157）

三、严格检疫制度 ……………………………… （158）

四、搞好鹅场的隔离消毒 ……………………… （158）

第二节 鹅病防治投药法 ………………………… （161）

一、口服法 ……………………………………… （161）

二、混饲给药法 ………………………………… （162）

三、混水给药法 ………………………………… （162）

四、雾气法 ……………………………………… （163）

五、药浴法 ……………………………………… （163）

六、砂浴法 ……………………………………… （164）

七、注射给药法 ………………………………… （164）

八、滴鼻、滴眼给药法 ………………………… （165）

九、羽毛囊涂擦给药 …………………………… （165）

第三节 鹅常见传染病 …………………………… （165）

一、小鹅瘟 ……………………………………… （165）

二、禽霍乱 ……………………………………… （170）

三、鹅蛋子瘟 …………………………………… （173）

四、小鹅流行性感冒 …………………………… （175）

五、禽副伤寒 …………………………………… （177）

六、大肠杆菌病 ………………………………… （180）

七、禽葡萄球菌病 ……………………………… （182）

八、鹅曲霉菌病 ………………………………… （184）

九、鹅念珠菌病（鹅口疮） …………………… （186）

第四节 鹅常见寄生虫病 ………………………… （188）

一、鹅球虫病 …………………………………… （188）

二、鹅绦虫病 …………………………………… （190）

三、鹅蛔虫病 ……………………………………（193）

四、鹅前殖吸虫病 ………………………………（195）

五、卷棘口吸虫病 ………………………………（197）

六、鹅裂口线虫病 ………………………………（198）

七、鹅羽虱 ………………………………………（200）

八、鹅蜱 …………………………………………（202）

第五节　鹅常见普通病 …………………………（203）

一、肠炎 …………………………………………（203）

二、普通肺炎 ……………………………………（204）

三、鹅喉气管炎 …………………………………（205）

四、中暑 …………………………………………（207）

五、雏鹅啄羽癖 …………………………………（208）

六、有机磷农药中毒 ……………………………（209）

七、皮下气肿 ……………………………………（211）

八、软脚病 ………………………………………（212）

九、蛋秘与输卵管脱垂 …………………………（213）

第十章　公鹅阉割术 ……………………………（216）

第一节　阉割目的 ………………………………（216）

第二节　与阉割有关的解剖知识 ………………（216）

第三节　公鹅阉割方法 …………………………（218）

一、阉割适宜时间和场地 ………………………（218）

二、阉割器械与药品 ……………………………（218）

三、阉前检查与准备 ……………………………（218）

四、保定方法 ……………………………………（219）

五、手术部位 ……………………………………（220）

　　六、阉割方法 ………………………………… （220）
　第四节　阉割注意事项及护理 ………………… （222）
　第五节　阉术后出血的处理方法 ……………… （223）
参考文献 ………………………………………… （224）

第一章 鹅的经济价值及养鹅业发展

  鹅是食草性水禽类，我国养禽业起源很早，鹅在养禽业中占有重要的地位。我国养鹅有悠久的历史，考古证明，我国家鹅最早驯养于新石器时代，至今已有 6 000 年的历史。《尔雅》有"舒凫鹜""舒雁鹅"的记载，说明秦、汉前鹅已由凫雁驯养而来，较欧洲有关驯养记载早许多。我国是世界上饲养水禽最多的国家，每年约 4 亿～5亿只，为世界水禽饲养量的 3 倍多。我国劳动人民长期的养鹅实践，选育出了不少优良地方品种，并积累了丰富的育种、繁殖、饲养、管理和疾病防治等方面的经验。随着我国人民生活水平的不断提高和在养禽生产科学技术上的进展，养鹅业已获得了显著的经济效益，从而推动了全国养鹅业进一步的向饲养高产、高效、产品优质系列化、经营联合化的方向发展。

  鹅是体形较大、胴体品质好、抗病、耐寒、适应性强、易饲养的食草水禽之一，其用途广泛。我国白鹅个体较大，早期生长速度快，耐粗饲能大量利用青粗饲料，是标准的绿色食品；据测定，鹅对青草粗纤维的消化率可达 45%～50%。精料消耗少，不需要很多设备，饲养成本低。养鹅经济效益高。尤其是鹅全身羽毛洁白，羽绒质量好、绒朵大、轻、软富有弹性，蓬松度好、保温性能好、产绒量多。据测定：3—4月龄每只羽绒产量为270~280克，其中纯绒16~20克；8—9月龄每只羽绒产量为350~400克，其中纯绒40~50克。特点是羽绒轻松柔软、弹性好、结实耐用、隔热性能好、吸水率低，是制作羽绒服、羽绒被褥等御寒用品的极好材料。据有关统计表明，国内市场对鹅羽绒的需求旺盛，尤其在国外市场，每吨鹅羽绒出口价达4.5万美元以上，是出口的紧俏产品。如皖西白鹅主产地安徽省六安市的一家海洋羽毛有限公司，就2016年1—10月实现3.5亿元羽绒销售额，其中出口创汇2 500万美元，这家公司正在筹建网上采购平台使羽绒生产和经营稳步增长。剧了解市场羽绒行情，受寒冬影响市场羽绒价格还会攀升。鹅绒皮可制成裘皮制品，鹅绒制裘技术代替兽皮制裘的途径，有很好的开发潜力。鹅的翎羽和绒毛皮，可以制作工艺品。鹅的肉质鲜美、屠宰率高、营养丰富，据测定，含蛋白质14%~22%，且含有多种维生素和无机盐。特别是仔鹅，肉质细嫩，鹅肉与猪肉、羊肉比较，脂肪含量较少，鹅肉的脂肪含量只有11.2%左右，其中含的不饱和脂肪酸比猪、牛、羊都高，所以鹅肉是蛋白质含量很高，低脂肪、低胆固醇的营养保健食品，同时富含人体必需的多种氨基酸以及多种维生素、微量元素和矿物质（中医认为，鹅肉性平、味甘、归脾、肺）具有益气补虚、和胃止渴、止咳化痰、解铅毒等作用。其适宜身体虚弱、气血不足、营养不良者食用，还适合经常口渴、乏力、气短、食欲不振者食用。老年糖尿病患者常喝鹅汤、吃鹅肉，既可保证营养，又有食疗作用，可以促进消化。利于控制病情发展。对人体健康更为有利。鹅蛋中营养丰富，鹅蛋中的蛋白质属于完全蛋白和人体蛋白质接近容易消化吸收。重要的是其中富有的蛋氨酸是人体必需的氨基酸之一，同时鹅蛋中含有钙质，铁质等无机盐更适宜老奶奶补充钙铁的营养品。鹅蛋除可直接供熟食用外还可加工成再制蛋，如咸鹅蛋，皮蛋和早单程为传统的美味营养食品。鹅肥肝是一种高热能的视频，不仅质地细嫩，味道鲜美，而且营养极为丰富。被誉为世界三大美味之一。采用人工强制填饲育肥的方法可使鹅肝脏大量积贮脂肪含量高达 60%，鹅肥肝与正常肝相比，其化学成分有很大变化，重量有很大差别，脂肪含量显著提高，水分含量相对减少。据分析其脂肪酸组成，不饱和脂肪酸占 65%~68%。不饱和脂肪酸可降低人体血液中胆固醇的含量，防止动脉硬化。另外，鹅肥肝中含有卵磷脂含量增加 4 倍、甘油三酯含量增加 179 倍，上述物质是脑细胞的组成部分，是促进上皮细胞分裂再生的重要营养物质。还含有丰富的脱氧核糖核酸等营养物质，是人体生长发育和健康所必需。不同鹅品种肥肝质量也不一样。国外如法国，喜欢吃鹅肥肝，降低心血管病的发生率的肥肝生产已从纯种生产发展为品种或品系间杂交，利用杂交优势生产鹅肥肝。在当今国际食品市场上具有强大竞争优势的高档营养食品。畅销国际市场，肥肝的年贸易量 4 000~5 000吨，每千克鲜肝售价高达 30 美元以上鹅肥肝的价格要比鸭肥肝高出 40%左右，鹅产品生产开发市场潜力大。其经济价值很高，鹅肉和鹅肝加工制作的罐头畅销不衰。鹅血具药用功效，可从中提取某些生化物质用作制药和有关生化制品的很好原料。鹅血中还含有某种抗癌因子，现已制作鹅全血抗癌药片。此外，还可制成高蛋白饲料添加剂。鹅肠可作肉食动作饲料，尤其是鹅血和鹅胆等脏器中提取的生物制剂超过鹅本身价值的 30 倍。鹅粪中含有丰富的氮、磷、钾，是优质有机肥料，也是养鱼的好饲料，据测定，1 吨鹅粪中的氮、磷、钾的含量，相当于 22.5 千克硫酸胺、25 千克过磷酸钙、20 千克硫酸钾。1 只成年鹅 1 年可排粪 125～150 千克。此外，鹅屠宰或加工后的下脚料以及羽绒加工的废物，可加工成骨肉粉、羽毛粉等。可作经济动物的营养饲料。

我国民间常用"天鹅肉"来形容鹅肉的珍稀。近几年来，随着人民生活水平的提高，人们需要优质鹅高蛋白、低脂肪的理想保健食品和上等美味食品佳肴，提出了常年食优质鹅的消费需求。

鹅是草食性大型水禽，具有耐粗饲、生长快，饲养周期短，胴体品质好等特点。鹅以放牧饲草为主，我国自然条件优越，将河湖塘众多水系而且饲料来源资源丰茂，内陆可养鹅水面为 273.4 万公顷，利用鱼池或自然水域采用混养和联养多层次立体综合生态养鹅生产方式，如水面养鹅，水下养鱼可达到鱼鹅双增收，养鹅业需要适度生产规模求效益。我国目前养鹅产业化、生产规模化、集约化技术程度低，大多以农户分散养鹅为主，鹅产品加工技术水品低。为了提高养鹅生产经济效益，必须树立竞争观念和市场观念并依据各自地理条件，经营方向和国内外市场对鹅产品需求，结合养殖户各自的养鹅生产条件，如地理条件，投入生产资金、饲料资源、技术能力、管理水平等因素进行综合分析比较，来确定养鹅生产规模，并提高鹅产品加工技术水平，研发鹅新系列产品，满足国内外市场需求，又能取得最佳养鹅业经济效益。

第二章　鹅的形态特征与生活习性

第一节　鹅的形态特征

　　家鹅为家禽中体重较大的水禽，公鹅较大，母鹅较小。如70日龄的狮头鹅活重达6千克，而母鹅同日龄达5.5千克；有的地方品种70日龄公鹅活重仅2.93千克，母鹅同日龄活重2.65千克。体型呈纺缍型，减少游水的阻力。鹅全身按解剖部位，分为头部，颈、躯干部、翼部和后肢部（图2-1）。概述如下。

▲ 一、头部

　　公鹅头较母鹅大，体态高昂、雄健，鹅的头形因鹅的品种而异。头部包括颅和面。在鹅喙基上部、头顶上方长有肉瘤（俗称额包），大而突出、圆而光滑，呈橘黄色或黑灰色。肉瘤随年龄增长而长高，一般老鹅肉瘤比青年鹅大，公鹅的肉瘤比母鹅发达。狮头鹅的头顶上肉瘤向前倾，两颊各有显著突出的肉瘤，从头部的正面观之，如雄狮的头冠。鹅的肉

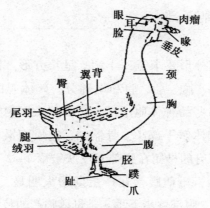

图 2-1　鹅的外貌部位名称

瘤和喙的颜色一般呈橘黄和黑灰色。鹅的喙形扁阔，喙前端窄后端宽，形成楔形，质地坚硬。有的品种鹅个体头下方长有肉垂，称为咽袋，咽袋发达的话则向颈部延伸。

二、颈部

中国鹅的颈部细长弯曲成弓形，能挺伸。欧洲鹅种的颈部较粗短。大型鹅颈粗短易肥育，适于生产肥肝。小型鹅种的颈较细长，如太湖鹅颈较细长，狮头鹅颈则较粗短，伊犁鹅颈既细又短。鹅颈由 17~18 个颈椎组成，下至食道膨大部的基部，其长度因品种而不同。鹅颈伸缩灵活，转动自如，可以随意伸向远处和一定深度的水体中觅食或伸到身体各个部位去修饰羽毛，也有利于配种和自降等行为活动。

三、躯干部

鹅的体躯外形要求宽深丰满，呈长方形。体躯干部可分为背、腰、荐、胸、肋、腹和尾部分，鹅体躯的的大小视其品种而异，有些品种体躯干部大，骨架大，肉质粗，如狮头鹅；较小型鹅体躯干部小，骨骼细，肉质细嫩，属于标准品种的中国鹅。有的母鹅在腹部有皮肤皱褶 1~2 个，形成肉袋状，称为腹褶，母鹅腹褶在产蛋期增大明显，形成肉袋状，俗称"蛋窝"。腹部逐步下垂，是母鹅临产的特征。

四、翼部

前肢变成翼，前肢骨的变化最大，尤以末端部分为甚。鹅的两翼外形宽大厚实，且较长，常褶叠于背上，翼羽主要由主和副翼羽组成，主翼羽 10 根，副翼羽 12~14 根，在主、副翼羽之间有 1 根较短的轴羽。鹅翼不能飞翔（个别品种除外），但急行时张翼有助于急行。

五、后肢部

鹅的后肢骨骼强大，且富有弹性。分为腰带骨和后肢骨。腰带骨包括髂骨、坐骨和耻骨。左右耻骨在腹中线处未愈合构成"开放式骨盆"，耻骨间相距增大，俗称"开裆"。鹅后肢部和胫粗壮而有力，稍偏后躯，胫骨以上大腿和小腿部分被体躯的羽毛覆盖。胫趾部分的皮肤裸露。公鹅胫部较长，母鹅较短，长度因品种而异，如狮头鹅胫长 12 厘米左右，有的地方品种鹅，如广东阳江鹅胫长 9～10 厘米。胫的长短和粗细是品种的重要特征之一，胫和蹼有橘红色和黑色两种。鹅趾间长有蹼，游泳时可用蹼划水，似船浆。

六、尾部

鹅尾较短平，尾端羽毛略向上翘，但公鹅尾部无雄性羽，雌、雄鹅的羽毛很相似，所以单靠羽毛的形状和颜色很难识别雌雄。水禽尾端背侧有发达的尾脂腺，经常分泌油脂，可增加羽毛的防水性。鹅在梳理羽毛时经常用喙压迫尾脂腺挤出分泌物，用喙涂抹刷饰羽毛，使之光滑湿润，有防止羽绒毛被水浸湿的作用。

七、羽毛

鹅体表面皮肤上密生有羽毛，除喙、胫、蹼之外，整个体表覆盖羽毛紧贴身体。这是鸟禽类独有的特点，羽是保证鸟禽体温恒定、增加身体浮力和推动气流，便于空中飞翔的表皮衍生物。大型鹅种羽毛较松，中、小型鹅种羽毛较紧。鹅体羽毛根据其不同部位、羽绒的不同形状和结构，可把鹅体的羽毛分为正羽、绒羽和纤羽、绒型羽 4 种。正羽是覆盖在体表绝大部分的羽毛。包括翅梗毛和毛片。鹅是水禽，羽丰绒厚，尤其是绒羽比较发达，俗称鹅绒。这种羽毛密生在正羽下面。纤羽夹杂在正羽之间，纤羽纤细如毛，故又名毛羽，羽轴较硬，保温性能差。绒型羽介于正羽和绒羽之间，故又名半绒羽，上部是羽片，下部是较稀少的绒羽。鹅的羽毛颜色视鹅的品种而异，有白色和灰色两种。白色羽品种较多，我国北方及东南地区白鹅较多，南方以灰鹅较普遍，白鹅较少。从表面上看鹅体全身被羽，其实羽毛着生在体表的一定区域。有羽毛区称羽区，不着生羽毛区称裸区。同时，鹅体各部位产羽绒的比例不同，据有关部门测定，12 月龄皖西白鹅，其春季宰杀干拔结果：每只鹅平均产绒量占体重的6.34%，为 285 克。其中胸、腹、背、腿和颈部分别占羽绒总量的 18.12%、10.59%、24.43%、4.69%和 12.85%。其重量依次为 51.63 克、30.18 克、69.63 克、13.38 克和 36.63 克，背胸部的羽绒产量较多，腿部较少。鹅羽绒品质优良、绒朵结构好、蓬松柔软有弹性，保暖耐磨等，可制作防寒衣被的高级填充料。鸟禽类羽毛有季节性换羽现象。

第二节　鹅的生活习性

鹅是食草性大型水禽，在水中寻食、嬉戏和求偶交配。鹅有食草性，喜食青草，耐粗饲。青饲料是鹅的主要营养来源。鹅具有比身体长 10 倍的消化道，鹅还有很大的肌胃，收缩力很强，其压力比鸡大 2 倍，是鸭的 1.5 倍，胃内有两层厚的角质膜，内有砂粒，可研磨食物，能机械消化，利于对食物的消化吸收。小肠对非粗纤维成分的化学性消化，发达的盲肠中含有较多的厌氧纤维分解菌，能将纤维发酵成脂肪酸，因而鹅对青草中粗纤维的消化率可达45%~50%。特别是消化青饲料中蛋白质能力很强。能够充分吸收植物饲料内的营养物质，因此能够大量利用青饲料。由于鹅具有耐粗饲性，能有效地利用青饲料，利用放牧生态养鹅，利用天然饲草资源和人工种草养鹅，配喂少量精料，既符合鹅的生活习性又能满足营养需要，还能降低成本，节粮增效。群众称之为"青草换肥鹅"。由于鹅没有鸡那样嗉囊每日必须有足够的采食次数，夜间需补饲。

鹅为水禽，在尾端背侧生有发达的尾脂腺，经常分泌油脂，常用喙和下颌从尾脂腺处蘸取脂油涂抹刷饰在羽毛上，有防水作用。鹅喜在水中寻食、嬉戏和求偶交配。我国各地可利用广阔的水域环境养鹅，并可利用鹅不吃鱼虾，而吃草的水禽生活特性，在鱼塘水面放鹅。这样不仅能利用鱼塘水面放养鹅群，还能增加鱼塘水体中溶解氧的含量，有利于鱼体生长。此外，鹅粪可增肥水质，转化为鱼喜食的浮游生物，塘底肥泥可用于肥田。

鹅有很强的合群性。鹅喜欢集群生活，不喜殴斗。当有鹅离群独处时，则会高声鸣叫，一旦得到同伙应和，孤鹅便寻声而归群。同时鹅的反应灵敏，易于训练和调教，适于规模养鹅。鹅的这种合群特性使得管理比较容易，有利大群放养或圈养。由于鹅有选偶特性，一般公、母鹅比例配种比例为，大型鹅种为1:3~4，中型鹅种为1:4~5，小型鹅种为1:5~6，公鹅认准的母鹅可经常进行交配，而对鹅群中的其他鹅则不交配。在鹅群中会形成以公鹅为主，母鹅多只的群体。

鹅有耐寒性；因为鹅全身有浓密的羽绒和厚的皮下脂肪，保温性能好，抗寒能力强，故鹅在0℃左右的低温下，仍能在水中活动，在10℃左右的气温可保持较高的产蛋率。在炎热的夏天，鹅比较怕热，喜欢整天在水中游动或在树荫下纳凉休息，觅食减少，采食量下降，产蛋量下降或停产，因此要做好遮阳防暑工作。

母鹅有夜间产蛋的特性。母鹅产蛋一般集中在夜间，在产蛋前半个小时左右才进入产蛋窝，鹅舍内窝垫草要足，并应注意勤换。有的品种鹅如太湖鹅、豁眼鹅丧失了抱孵本能，但较多的鹅种，由于人为选择了鹅的就巢性，一般鹅产蛋15枚左右时就会自然就巢，每窝可抱鹅蛋8~12枚。

鹅的生活规律性。鹅在一日之中放养、采食、归宿、洗羽、歇息、交配和产蛋等都有固定的时间，活动节奏一旦形成规律，就难以改变。因此在养鹅生产实践中，饲喂的饲料次数、饲喂时间和放牧的地址、饲料种类和饲喂数量、产蛋窝以及操作管理规程都要保持稳定，不要轻易改变。如果突然改变，鹅不习惯，会按原来生活规律活动，并发生群集、鸣叫、骚乱。如果原来的产蛋窝随放牧地变换、迁移，鹅会拒绝产蛋或随意产蛋。

敏感性。鹅有敏感性，有较好的反应能力，容易调教。但胆小，容易受惊吓，雏鹅对人、畜声音的刺激，猫、狗、老鼠等动物进入圈舍，均有害怕的感觉；甚至因某只鹅无意间弄翻食盘，发出声响，都会使其他鹅也会骤然受惊，引起鹅只站立起来，高声鸣叫，唐朝诗人骆宾王的《咏鹅》诗描述了鹅的形态特征与生活习性。"鹅、鹅、鹅，曲项向天歌。

白毛浮绿水，红掌拨清波。"并互相拥挤于一角，以致影响鹅的采食与产蛋。因此在养鹅生产中，应保持鹅舍的安静，防止动物进入圈舍，避免惊群而影响鹅的采食、生长发育和产蛋性能，以免造成经济损失。

就巢性：我国有许多鹅种在产蛋期间表现出不同程度的就巢性，少数鹅种（四川白鹅）无抱孵性，在产蛋期也有恋窝习性，这对产蛋性能会造成很大影响，需要人工对母鹅的就巢性加以控制。

第三章　鹅的主要品种

第一节　鹅种的选择

　　鹅的优良品种是养鹅业高产、高效的基础。科学选择优质鹅种是获得显著经济效益的前提。优良品种鹅生产发育快、饲料转化率高、饲养周期短、产蛋多、产肉多、产羽绒质量高、经济效益高。我国普遍饲养的良种鹅可根据鹅的主要经济用途，将鹅的品种分为羽绒用型、蛋用型、肉用型、肥肝用型。

　　种鹅的选择在生产上特别重要，直接影响到种蛋的受精率，雏鹅的成活率。种鹅应来自不同的生产群，这样可避免近亲交配，又可获得杂交优势，提高育雏率。具体选留时，应注意将优良品种基因遗传给后代。一般根据体型、外貌，选择体大、健壮、开产早，抱孵性强的个体留作种用，通过复选 2 次以确定选留。公鹅除体格健壮外，还要求阴茎发育良好。生产上选留后的每组公母鹅配种比例为大型鹅种为 1：3~4 为宜。中型鹅种为 1：4~5，小型鹅种为 1：5~6。在选择养鹅品种时，应注意市场对鹅产品的需求，如洁白鹅羽绒价高、俏销，鹅肥肝价格不菲。

一、羽绒用型

所有品种的鹅均产羽绒，专门把某些鹅种定为羽绒用型似乎不太科学。但在所有鹅种中，以皖西白鹅的羽绒洁白、绒朵大品质最好而被视为上乘。一些客商在收购羽绒用活鹅时，如为相同体重的白鹅，以皖西白鹅的价格为最高。因此，进行活鹅拨毛时，可选择皖西白鹅这一品种。但皖西白鹅的缺点是产蛋较少，繁殖性能差，如以肉羽兼用为主要用途的鹅种，可引入四川白鹅、莱茵鹅等对其进行杂交。

二、蛋用型

选养蛋用型鹅种应按母种鹅按产蛋情况选留鹅种。豁眼鹅（山东称五龙鹅、辽宁昌图地区称昌图鹅）、籽鹅（产于黑龙江绥化和松花江地区）的产蛋量堪称世界之最，年产蛋可达 14 千克，饲养较好的高产个体更可达到 20 千克。这两种鹅个体相对较小，除产蛋用外，还可利用该鹅作母本与体型较大的鹅种进行杂交生产肉鹅，充分利用其繁殖性能好的特点，繁殖更多的后代，以降低鹅种苗的生产成本。

三、肉用型

凡仔鹅 60—70 日龄体重达 3 千克以上的鹅种均适宜选留

养作肉用型鹅种。这类鹅主要有四川白鹅、皖西白鹅（包括固始鹅）、豁鹅、浙东白鹅、长乐鹅以及引进的莱茵鹅等，它们多属大、中型鹅种，早期增重速度快。体形较小的品种如太湖鹅等 60～70 日龄体重 2～2.5 千克，其肉质好，可选作肉用鹅。

四、肥肝用型

鹅的品种对肥肝的大小影响很明显，一般体型越大，生产的肥肝也较大。应尽量选用大型品种填饲。我国的狮头鹅、溆浦鹅等，填肥肝鹅的引进品种主要有法国的朗德鹅、图卢兹鹅等国外大型鹅品种。经填饲一段时间后，其肥肝可重达 600 克，优异的可达 1 000 克以上。当然，这类鹅也可用作产肉，但习惯上把它们称作为肥肝专用型。鹅肥肝虽然价格不菲，但生产技术要求较高，只有大型公司才有能力对这一产品进行开发，农户的小规模生产不宜进行。当前，农户养鹅宜与公司挂钩进行鲜鹅蛋、活鹅及肥肝生产的产品回收有保障。

第二节　我国鹅的主要品种特征与生产性能

一、标准品种

标准品种指人工育成的优良鹅种，具有生产力高、成熟较早的特点，有高度的育种价值，为世界各国公认的品种和变种。中国鹅现有不少已列入世界家禽标准的品种行列。

中国鹅的特点是发育迅速，产蛋量多而且大、肉质鲜美、屠宰率高，尤其以产蛋多且大而著称于世。年产蛋高达100个以上，蛋重120~160克。1788年输入美国，世界上不少国家都饲养中国鹅。

二、鹅的主要品种

中国鹅外貌特征是头上有肉瘤，颈部弯曲，长而挺伸，体躯宽而长，尾短向上翘。按羽毛颜色分为白色和灰色两个品变种（图3-1）。白鹅的喙、瘤、胫和蹼均为橘黄色，产蛋多，但体重和蛋重较轻。灰色鹅的喙和瘤为黑色，颈背有1条棕红色或黑色的鬃毛，胫和蹼为灰黄色，产蛋较少，但体长，弯长如弓，能挺伸，颈背微曲。母鹅在腹部有皮肤皱褶形成的肉袋，群众称之为"蛋窝"。鹅的腿肥壮而有力，公鹅胫部较长，母鹅胫部较短，长短还因品种而异。

我国的地方品种指在特定地区的自然条件和饲养管理方式下，经过长期选育出来具有适应性强、耐饲和抗病力强等优点。我国幅员广阔、水域很多，适宜发展养鹅业。因各地自然条件不一，我国地方良种类型很多，体形上有所差异。我国主要地方良种鹅（太湖鹅、阳江鹅、乌鬃鹅、豁鹅、长乐鹅、闽北白鹅、永康灰鹅）和国外引进的优良鹅种介绍如下，供各地养鹅场户选择适合养殖要求鹅品种。

图 3-1　中国白鹅和太湖灰鹅

● （一）小型鹅品种 ●

1. 太湖鹅

太湖鹅属兼用型，是我国鹅种中一种小型肉蛋兼用型的高产白鹅良种，相传有千年以上的饲养历史。太湖鹅原产于江苏、浙江两省的太湖流域各县，现分布在江苏全省、上海郊区和浙江省部分地区。太湖鹅具有仔鹅早期生长快、肉质细嫩、性成熟早、繁殖能力强和母鹅产蛋率高、就巢性弱等特点。适于生产肉用仔鹅。太湖鹅体型小（图 3-2），成年公鹅平均体重 4.33 千克，母鹅 3.23 千克，体态高昂，前躯丰满而高抬，体质细致紧凑，全身白色羽毛，偶在眼梢、头顶部、项背与腰部有少量灰褐色羽点。绒质较好。头部肉瘤圆而光滑，呈姜黄色，眼睑淡黄色，喙、胫、蹼呈橘红色，喙较短，且喙端颜色较淡，爪白色。无肉垂，颈细长呈弓形，无咽袋。公母鹅外表差异不大，但公鹅体躯相对高大，昂首挺胸展翅行走，叫声洪亮，喜追逐人；母鹅性情温顺，叫声低，头瘤较公鹅小，喙稍短。

图3-2 太湖鹅

太湖鹅性成熟较早，母鹅在 160 日龄开始陆续产蛋，产蛋率高。平均蛋重 135 克，蛋壳白色，壳质稍粗糙。1 个产蛋期（当年 9 月至翌年 6 月）每只鹅产蛋量可达 60 枚左右，高产群 80~90 枚，高者达 123 枚。母鹅就巢性弱，一般种鹅利用年限为 3 年。太湖鹅雏鹅出壳重 91.2 克，太湖鹅肉质优良，养母鹅主要生产肉用仔鹅，品种仔鹅饲养到 60—70 日龄即可上市，平均体重达 2.5 千克。太湖鹅羽绒洁白、绒质较好，屠宰后 1 次性可取羽绒 200~250 克，禽绒量为 30%。

2. 阳江鹅

阳江鹅属中小型肉用鹅品种，原产于广东湛江地区阳江市，主要产于在阳江市的塘坪、积村、北贯、大沟等乡，分布于邻近的阳春、电白、恩平等县。该鹅体型为中小型，成年公鹅体重 4.2~4.5 千克，母鹅体重 3.6~3.9 千克。公鹅头大，颈粗长，雄性特征明显，从头部经颈部向后延伸至背部，有 1 条宽为 1.5 ~ 2 厘米的深色毛带，故又叫"黄鬃鹅"（图 3-3）。躯干略似船底形，在胸部、背部、翼尾和两小腿外侧为灰色毛，每边有宽 0.1 厘米的白色银边羽，从胸两侧到尾椎有 1 条似葫芦形的灰色毛带。除上述部位外，均为白色羽毛。在鹅群中，灰色羽毛分黑灰、黄灰、白灰等几种。喙、肉瘤为黑色，胫、蹼为黄色、黄褐色或黑灰色。

图 3-3　阳江鹅

母鹅饲养 150—160 日龄开产，平均蛋重 145 克，蛋壳白色，少数蛋壳浅绿色。每年 7 月到翌年 3 月为产蛋季节，1 年产蛋 4 期，平均产蛋 26 ~ 30 枚。母鹅每年平均就巢 4 次。母鹅可利用 5 ~ 6 年，种公鹅可利用 4 ~ 5 年。

3. 乌鬃鹅（清远鹅）

乌鬃鹅属小型鹅种，因颈背部有 1 条由大渐小的深褐色鬃状羽毛带而得名。原产于广东省清远市，故又名"清远鹅"，主要分布广东北部、中部和广州市郊。该鹅以骨细、肉厚、脂丰为特点，适于制作烧鹅而闻名。该鹅头小、颈细、体质结实、被毛紧凑、体躯宽短、背平。腿细短，尾呈扇形，向上翘（图3-4）。公鹅体型较大，呈榄核形，成年体重达3~3.5千克，母鹅体呈楔形，成年体重达2.5~3千克。腿矮。喙、肉瘤、胫、蹼均为黑色。由于羽毛大部分为乌棕色，从头顶到最后颈椎有1条鬃状黑褐色羽毛带，颈部两侧羽毛为白色，翼羽、肩羽、背羽和尾羽均为乌褐色，羽毛末端有明显的棕褐色镶边，胸羽或白色或灰色，腹羽灰白色或白色。在背部两边有1条起自肩部直至尾根的2厘米宽的白色羽毛带，在尾翼间未被覆盖，部分呈现白色圈带。

图3-4 乌鬃鹅（清远鹅）

母鹅性成熟早，140日龄开产，1年产蛋4~5期，平均每年产蛋30~35枚，平均蛋重145克，蛋壳浅褐色，母鹅有很强的就巢性，每产完1期蛋就巢1次。公鹅性欲高，在配种旺季，1只公鹅每天可交配15~20次。

4. 豁鹅

豁鹅又称"豁眼鹅",因其眼睑边缘后方有豁口而得名。原产于山东省莱阳地域的五龙河流域,故又成为名"五龙鹅"。由于历史原因,曾有大批的山东移民迁居东北,将此种鹅带到辽宁省,以昌图县饲养最多,俗称"昌图豁鹅",是当地群众经过长期精选繁育而成的良种。豁鹅为中国鹅的白羽小型变种,体型较小,体质细致紧凑,以产蛋多著名,并具有耐粗饲、适应性强、抗病力强等特点。成年鹅羽毛质量较佳,含绒量高,绒质好。成年公鹅体重 3.72~4.48 千克,母鹅体重 3.12~3.82 千克。豁鹅全身羽毛洁白,个别有少数褐色羽毛。头部较小,呈长方形,肉瘤明显,肉瘤、喙、胫均为橘黄色,喙扁平。由于豁鹅的眼呈三角形,眼睑淡黄色,在两侧上眼睑后边缘均有长 0.5~0.7 厘米的豁口,故称之为"豁眼鹅"(图 3-5)。该鹅雏鹅绒毛呈黄色,腹下毛色较淡。成鹅颈稍细长,呈弓形,背宽平,胸深广而突出,整个体躯呈长方形,腿短粗有力,两腿距离宽,后裆大,具有高产的体形。公鹅体型较短,呈椭圆形,有雄性外貌,公鹅体型比母鹅体型大,但外观不易区别。公鹅有好斗性,叫声高而洪亮。母鹅体型稍长,呈长方形,性情温顺,叫声低而清脆。母鹅腹部有皱褶。一般粗放饲养 70—80 天,体重可达 3 千克。山东的仔鹅豁眼鹅颈较细长,咽袋少,雏鹅绒毛呈黄色,腹下毛色较淡。

豁鹅性成熟期为 180—200 日龄。母鹅 7—8 月龄开始产蛋,大群粗放饲养年平均产蛋量 80 枚,在较好的饲养管理条件下,年平均产蛋量 120 枚以上,年产蛋最多达 180 枚,平

图 3-5 豁鹅

均蛋重 120~130 克，蛋壳为白色。产蛋旺期为 2~3 年。母鹅就巢性弱，且醒抱较快，一般利用年限为 4~5 年。豁眼鹅成年鹅一般肝重 68~92 克，经 21 天人工填饲，平均肥肝重 195.2 克。成年鹅绒洁白，含绒量高，质量较佳，但绒絮稍短。

5. 籽鹅

籽鹅属于一种产蛋性能好的小型优良品种鹅，以产蛋多而著名。籽鹅是世界上少有的高产蛋鹅种。原产于东北松辽平原，主要产于黑龙江省绥化和松花江地区。籽鹅体型较小，成年公鹅体重 4~4.5 千克，母鹅 3~3.5 千克。体躯紧凑，略呈长圆形，头上有小肉瘤，多数头顶有缨状羽毛，颈细长，额下、颌下垂皮较小。腹部下垂，全身羽毛白色。喙、胫和蹼均为橙黄色（图3-6）。

母鹅 6—7 月龄开产，一般年产蛋为 100 枚以上，饲养条件好时多达 180 枚，蛋重平均 131.1 克，蛋壳为白色。母鹅

图 3-6　籽鹅

无就巢性。该鹅抗寒和耐粗饲的性能强。

6. 长乐鹅和闽北白鹅

长乐鹅和闽北白鹅均产于福建省。长乐鹅主要产于长乐县的潭头、金峰及邻近的闽侯、福州、福清、连江、闽清等县、市。后者主要产于闽北的松溪、政和、浦城等县、市，分布于南平市的武夷山市域，宁德市的福安、周宁等地。

长乐鹅成年鹅外貌昂首曲颈，胸宽，绝大部分体羽灰褐色，白色羽鹅仅占 5% 左右。成年公鹅体重 3.3~5.5 千克，头部肉瘤高大，稍带棱脊型。成年母鹅体重 3~5 千克，头部肉瘤较小，且扁平；颈长，呈弓形，体躯呈蛋圆形，前躯丰满，无咽袋，少腹褶。灰褐色成年鹅从头部到颈部上侧、背部的背面有 1 条深褐色的羽带与背、尾部的褐色羽区相连接。颈部腹侧至胸、腹部呈灰白色或白色，有的在颈、胸、肩交界处有白色环状羽带。喙黑色或黄色，肉瘤黑色、黄色或黄色带黑斑。胫、蹼橘黄色。白羽鹅肉瘤、喙蹠、蹼呈橘黄色或橘红色，也有体羽灰白色或褐白色的杂羽鹅，肉瘤、胫、蹼为橘红色带黑斑。

母鹅 7 月龄开产，年产蛋 2~4 窝，平均蛋重 153 克，蛋壳白色，年平均产蛋量 30~40 枚。

闽北白鹅（图 3-7）成年公鹅体重 4 千克以上，全身羽毛洁白，喙、胫、蹼为橘黄色。公鹅头顶有明显突起的冠状皮瘤，颈长胸宽，叫声宏亮。母鹅体重 3~4 千克，臀宽大丰满，性情温顺。

图 3-7　闽北白鹅

母鹅 150 日龄左右开始产蛋，平均蛋重 150 克以上，年平均产蛋量 30~40 枚，蛋壳白色。

7. 永康灰鹅

属中国灰鹅小型品种变种。原产于浙江省永康、武义县及毗邻的部分地区。该鹅具有早熟、易肥、肥肝性能优良的特点。成年公鹅 4.18 千克左右，母鹅 3.73 千克左右。成年种公鹅颈长而粗，肉瘤较大，体躯呈长方形，前胸突出向上抬起，颈细长，肉瘤突起，前躯较发达。母鹅颈略细长，后躯较发达，腹略下垂，肉瘤较小。羽色呈灰黑色或淡灰色，体上部较下部深，颈部正中至背部主翼羽呈灰黑色，颈部两侧及下侧直至前胸部羽毛为灰白色，尾部羽毛上灰下白，腹部羽毛白色，俗称为"乌云盖雪"。喙、肉瘤均为黑色，蹠、蹼均为橘红色，皮肤淡黄色（图 3-8）。

图 3-8　永康灰鹅

公鹅 90 日龄性成熟，配种母鹅 4~4.5 月龄产蛋，多为隔日产蛋，每期产蛋 8~15 个，蛋壳白色，蛋重平均为 145 克，1 年产蛋 4 期，平均年产蛋 40~60 枚。每期产蛋结束即就巢。

此外，该鹅是生产肥肝较好的鹅种之一。

●（二）中型鹅品种●

1. 皖西白鹅

皖西白鹅体型为中等的肉羽兼用型品种，皖西白鹅是安徽省的优良地方鹅种，中心产地在安徽省西部丘陵地区的在六安市霍邱、淮南市寿县以及附近的河南省固始一带。是六安的著名地方特产，具有肉质好，含绒量最多，鹅绒品质高，且以朵大蓬松，尤其羽绒品种优良而著名。皖西白鹅有早期生长快，耐粗饲、耗料少等特点。皖西白鹅体态高昂、细致紧凑（图3-9）。成年体型公鹅体重为5.5~6.5千克，母鹅体重达5~6千克。全身羽毛紧贴，羽色洁白，肉瘤、喙及脸缘、跖和蹼均呈橘红色。公鹅较母鹅头部的肉瘤大而突出，圆而光滑，无皱皮，颈粗长呈弓形，胸深广，背宽平，体长腹平，胫部粗长，羽丰绒厚，性欲旺盛，叫声宏亮，常追啄人，好斗。母鹅性情温和，颈较细短，后躯深而宽，腹部轻微下垂，两腿之间距宽，瘤、喙、蹠和蹼颜色同公鹅，全身羽毛洁白，绒厚细致紧凑，叫声低沉。性成熟较迟。

皖西白鹅公鹅4~5月龄性成熟，但配种多在8~10月龄以后。母鹅平均开产为6月龄，产蛋多集中在1月和4月，开产后3年内产蛋量逐渐提高；一般利用母鹅开产后一般每隔1天产蛋1枚，年产蛋2窝，年平均产蛋量约为24.5枚，蛋壳白色，平均蛋重139.6克。种公鹅利用年限3~4年，种母鹅4~5年，优良种鹅可利用7~8年。

屠宰后平均每只鹅产羽绒349克（不包括活拔绒量，其中纯绒40~55克，含绒量为11.46%~15.76%，皖西白鹅羽

图 3-9　皖西白鹅

绒每年的出口量占我国羽绒出口总量的 10% 左右，居全国首位），因此在国际市场上享有盛誉。

2. 雁鹅

雁鹅又名苍鹅、菱鹅、瘤鹅。起源于鸿雁，是我国古老而稀有的家禽品种，是我国优良鹅种之一。原产于安徽省西部六安市的霍邱、寿县及裕安一带。现主要分布于安徽、河南等省各地和江苏西南的丘陵地区。该鹅为灰羽中型品种，具有生长较快而肥、肉用性能较好、粗耐饲、抗寒、适应性强、抗病力强等特点。雁鹅是我国产肥肝较好的鹅种之一，雁鹅为灰色四季鹅，具有耐寒、耐粗饲、适应性强等特点，雁鹅体重中等，体质结实，颈细长、胸深、背宽、腿粗短、羽毛灰褐色。雏鹅为灰黑色全身羽毛紧贴（图 3-10）。成年公鹅体重 4.5~6.02 千克，母鹅 3.8~4.78 千克。公鹅体型比母鹅高大粗壮，肉瘤突出，头部圆形，略长方形。头额上有黑色肉瘤，呈桃形或半球形，向前上方突出，质地柔软。喙扁阔，呈黑色，眼睑为黑色或灰黑色，眼球黑色，虹彩灰蓝色。腿粗短，胫、蹼为橘红色。爪黑色。成年鹅全身被毛和翼羽为褐色，颈背侧有1条由宽变窄的鬃状灰褐色羽带，颈部其他羽毛为灰白色，胸部为灰褐色，体躯羽毛从上到下由深渐浅，至腹部为灰白色或白色，除腹部羽毛外，背、翼、肩及腿羽白色镶边，尾部为白色带灰黑色镶边。由于它的毛色似大雁，故称为"雁鹅"。雏鹅全身羽毛呈黑绿色或棕褐色，喙、胫、蹼均呈灰黑色。

图 3-10　雁鹅

　　公雁鹅4~5月龄性成熟，配种母雁鹅产蛋早而大，出生后8~9个月开始产蛋，一般母鹅年产蛋平均25~35枚，蛋重130~150克，蛋壳白色。母雁鹅产蛋期间，每产一定数量蛋后即进入就巢期休产，以后再产第 2 期蛋，一般可间歇产蛋 3 期，也有少数 4 期，母鹅开产后 3 年内产蛋逐年提高，一般利用 5 年左右，就巢性强。一般年就巢 2~3 次。由于一季一循环的习性，因此又有"四季鹅"之称。

3. 四川白鹅

四川白鹅为中型鹅品种。原产于四川西平原的下坝和丘陵水稻产区。主要产地在四川省内江、乐山、宜宾和达州及重庆市的涪陵市万县和永川等地，分布于国内的丘陵水稻产区。四川白鹅全身羽毛紧密，羽色洁白，羽绒品质优良。喙、胫、蹼均为橘红色，虹彩蓝灰色。鹅的头中等大小，体型稍细长，躯干呈圆筒形。公鹅体型较大，成年公鹅体重 4.36~5 千克；头颈较粗，躯干稍长，额部有一半圆形橘红色肉瘤。母鹅体重 4.31~4.9 千克。母鹅头部清秀，颈细长，肉瘤较小（图 3-11）。肉仔鹅生长速度快。

公鹅性成熟期 180 天配种 200~240 日龄开始产蛋，母鹅产蛋性能良好，平均蛋重 146 克，年平均产蛋 60~80 枚，蛋壳白色。母鹅的就巢性弱或无就巢性，种鹅利用年限为 3~4 年。

4. 浙东白鹅

浙东白鹅为中型肉用优良品种，产于浙江省东部的奉化、定海、象山县，分布于鄞县、绍兴、余姚、上虞、剩县、新昌等县区。该鹅属于优质肉用型品系仔鹅，生长快，青年期可短期育肥上市。浙东白鹅体型中等，体躯呈长方形。全身羽毛洁白，个别鹅头及背部有灰褐色点状杂毛。肉瘤高突，颌下无咽袋，颈细长，喙、颈、蹼在年幼时为橘黄色，成年后变为橘红

图 3-11 四川白鹅

色，爪为玉白色。公鹅成年体型大较宽，胸部发达，昂首提胸。母鹅发育良好，腹部宽大而下垂，性情温驯。公鹅 4 月龄性成熟，母鹅一般在 150 日龄左右开产，一般每年有 4 个产蛋期，每期产蛋 8~13 枚，蛋壳为灰白色，平均蛋重 140 克。

5. 溆浦鹅

溆浦鹅为中型鹅品种，该鹅以肥肝性能好而著名，原产于湖南省溆浦县沅水支流溆水两岸，主要产区在溆浦县新坪，马田坪，水车等地，分布于叙浦县及隆口、洞口、新化、安化等县。溆浦鹅具有生长快，生长快、耗料少，觅食力强、适应能力好的特点。叙浦鹅公鹅的体型较大，成年公鹅体重 5.89 千克，母鹅 5.33 千克。公鹅体躯呈长方形、肉瘤明显颈长呈弓形，前躯丰满而高昂，直立雄健强壮，叫声洪亮，护群性强。母鹅体型略小，体躯稍长，呈长圆柱形。母鹅觅食力强，性情温驯，产蛋期间体躯丰满有皱褶，呈蛋圆柱形。

图 3-12 浙东白鹅

羽毛有白色和灰色两种羽色（图 3-13）。白羽鹅较多，白鹅全身羽毛白色，肉瘤、喙、胫、蹼均为橘黄色，眼睑黄色。母鹅后躯丰满，腹部下垂，有腹褶。灰鹅的颈部、背部和尾部羽色灰色，腹部为白色，母鹅腹部有腹褶，溆浦鹅肉瘤突起，呈灰黑色，表面光滑，眼脸黄白，喙黑色，胫、蹼均呈橘红色。

公鹅 6 月龄性成熟配种，母鹅 7 月龄开产，多在当年 9—10 月和次年 2—3 月产蛋，一般年产蛋 30 枚左右。平均蛋重 212.5 克，蛋壳厚，白色居多，少数蛋壳淡青色，多在当年 9—10 月和次年 2—3 月产蛋，年产蛋 30 枚左右。年产蛋 2~4 期，高者 4 期，每期产蛋 8~12 枚，母鹅就巢性强。1 年就巢 2~3 次，多达 5 次。公鹅利用年限为 3~5 年，母鹅 5~7 年。

6. 伊犁鹅

伊犁鹅为中型鹅品种，原产于新疆哈萨克自治洲塔城，当地叫塔城飞鹅，主产新疆西北部伊犁区域，分布于新疆伊犁及博尔塔拉一带。该鹅由野生灰雁育成驯养，形成具有抗

图 3-13　溆浦鹅

寒、耐热、适应性强、耐粗饲，适合放牧饲养、产绒多的特
点（图3-14）。平均每只鹅产绒 240 克，其中纯绒 192.6 克。
成年公鹅体重为 5.22 千克，母鹅为 3.53 千克。该鹅体型中
等，头上平顶、无肉瘤突起，颌下无咽袋，颈粗短。体躯呈
扁椭圆形，胸宽、腿粗短，颈尾较长。成鹅喙呈牙色，蹠、
趾呈肉红色。羽毛颜色可分为灰、花、白 3 种。雏鹅上体黄
褐色，两侧黄色，腹下淡黄色，喙、趾、蹼呈橘红色。

伊犁鹅配种母鹅开产期 9~10 月龄，一般每年只有 1 个产
蛋期，通常在 3—4 月间，个别也有在春秋两季产蛋的。每年
平均产蛋 10.1 枚，平均蛋重 150 克，产蛋量因年龄而异。第
一年产 7~8 枚，第 2 年产 15~16 枚，直至第 6 年产蛋量逐渐
下降，到第 10 年又降至第 1 年的水平。母鹅一般养 6~7 年
（个别多达 10 年），平均蛋重 152.9 克，蛋壳乳白色，伊犁鹅
有就巢性，一般每年 1 次，发生在春季产蛋以后。

图 3-14　伊犁鹅

7. 扬州白鹅

扬州白鹅品种是由扬州大学与当地几个部门共同在太湖鹅基础群上经过多年系统选育而成的鹅的新品种。该品种的优点是肉质好,其蛋白质含量高,耐粗饲,抗病力强,繁殖率高,仔鹅生长速度比太湖鹅快 27.8%。一般 70 日龄仔鹅重量可达 3.3~3.5 千克。扬州鹅公鹅比母鹅体型略大,体格壮。成年公鹅体重可达 5.57 千克,成年母鹅体重也可达 4.17 千克。扬州鹅的头部前额肉瘤呈半球形,颜色橘黄,公鹅的比母鹅的大而明显。体躯呈方圆形,前躯丰满。羽毛白色,分布有黑点。喙、胫、蹼呈橘红色。眼睑呈淡黄色。

扬州鹅母鹅开产日期平均为 218 天,年产蛋 72~75 枚,蛋重约 140 克。扬州鹅的种公母鹅利用年限均为 2~3 年。

●（三）大型鹅品种●

狮头鹅是我国个体最大的肉用型鹅品种，也是产肥肝最好的灰羽鹅种。原产于广东汕头地区饶平县溪楼村，现在中心产区为广东省澄海县和汕头市郊。狮头鹅具有体型大、雏鹅早期生长快、成熟早、饲养周期短、适应性强、耗料少等特点。所以分布较广。成年公鹅体重一般为 12～17 千克，母鹅体重一般为 9～13 千克。公鹅头大而深，且顶部前额肉瘤发达，覆盖于喙上，两颊各有黑色肉瘤，公鹅和 2 岁以上母鹅的头部更有向前突出的黑色肉瘤，从正面观之形似雄狮头状，故名狮头鹅（图 3-15）。颌下有发达咽袋，一直延伸到颈部，呈黄色，虹彩褐色。喙短，质坚实，呈深灰色。颈长适中，体躯呈方形，胸深而广，前躯略高。全身背面羽毛、前胸羽毛及翼羽为棕褐色，颈背有红褐羽毛条斑，全身腹部羽毛白色或淡灰色。胫粗喙宽呈橙红色，夹有褐斑。皮肤米色或乳白色，体内侧有皮肤皱褶。公鹅头大颈粗，趾粗蹼宽，昂首健步，姿态雄伟，叫声宏亮。母鹅的肉瘤较扁平，呈黑色或黑色而带有黄斑，体躯宽大，胸深而广，性情温顺。仔鹅生长快，肥育性能好，在大群饲养下，狮头鹅 40—70 日龄增重最快。

公狮头鹅 7 月龄性成熟可配种。母鹅饲养到 160—180 日龄开始产蛋，蛋重可达 217.2 克左右，蛋壳乳白色。产蛋季节通常在当年 9 月至翌年 4 月。有 3～4 个产蛋期，每期每只可产蛋 6～10 枚，年平均产蛋量 25～35 枚。产蛋期为 2～4 年。母鹅就巢性强，每产完 1 期蛋就巢 1 次，全年就巢 3～4 次。母鹅可利用 5～6 年。该品种产蛋量少，觅食力差，在选育和

图 3-15　狮头鹅

引种时应注意克服。

第三节　国外鹅的主要品种特征与生产性能

一、郎德鹅

　　郎德鹅又称西南灰鹅，是世界最著名的用于填肥肝的鹅品种，产绒量也高。原产于法国西南部的郎德地区。由原来的郎德鹅是在大型的图卢兹鹅和体型较小的玛瑟布鹅杂交而来，我国曾于 1979 年和 1986 年先后引进郎德鹅的商品代。郎德鹅体型中等偏大，成年公鹅体重 7~8 千克，母鹅体重 6~7 千克。仔鹅 8 周龄时重达 4~5 千克，经填饲，郎德鹅为灰雁体型。有咽袋，较小。羽毛以灰褐色居多，也有部分白羽个体或灰白杂色个体。灰羽鹅羽毛较松，在颈、背部接近黑色，而在胸腹部毛色较浅，呈银灰色，到腹下部则呈白色。白羽鹅羽毛紧贴，橘黄色，胫、蹼呈肉色。灰羽在尖部有一浅色部分（图3-16）。

图3-16　郎德鹅

郎德公鹅180日龄性成熟配种，母鹅一般6月龄左右产蛋，产蛋量低，平均蛋重180~200克，年平均产蛋35~40枚，母鹅就巢性较弱，种鹅可利用5~6年。

二、莱茵鹅

莱茵鹅是欧洲产蛋量最高的肉用鹅种，在20世纪40年代以早期生长快、产蛋量高、繁殖力强而著称。莱茵鹅原产于德国莱茵，分布于欧洲各国。我国江苏省种鹅场于1998年从法国引进。此鹅能适应大群舍饲。莱茵鹅体型中等偏大，成年公鹅体重5~6千克，母鹅体重4.5~5千克。初生毛洁白，从2周龄到6周龄逐渐变为白色，成年鹅全身羽毛洁白。

此鹅外貌特征是头上无肉瘤，颈较短（图3-17）。无咽袋和腹褶、胫、蹼呈橘黄色。

图3-17　莱茵鹅

种鹅成熟期较早，母鹅220日龄左右开产，平均蛋重150~190克，年产蛋30枚以上，多达50~60枚。受精率、孵化率高，仔鹅生长到8周龄，活重5~6千克，故适于肉用仔鹅生产。

三、埃姆登鹅

埃姆登鹅原产于德国西部的埃姆登城附近，故而得名。19世纪选育和杂交改良，曾引入英国和荷兰白鹅的血统，体型变大，具有体型大、早期生长快、耐粗饲、成熟早、肥育性能好、肉质佳、羽毛洁白丰厚、羽绒产量高等特点。可用于生产优质的鹅肉及鹅油。成年公鹅平均体重11.8千克，母鹅 9.08 千克。全身羽毛洁白而紧贴鹅体，头大，呈椭圆形，眼鲜蓝色，喙短粗，橙色有光泽，颈长略呈弓形，颌下有咽袋。体躯宽长，背宽阔，胸部龙骨突出不明显，腹部有 1 对皱褶下垂。腿粗短，呈深橙色。尾部较背绒稍高（图 3-18）。

母鹅 10 月龄开产，蛋重 160~200 克，蛋壳白色且坚厚，年平均产蛋量 35~40 枚。母鹅就巢性强。

图 3-18　埃姆登鹅

四、奥拉斯鹅

奥拉斯鹅又名意大利鹅，原产于意大利北部地区，由派拉奇鹅改良而成。在品种育成过程中，曾引入中国白鹅血统。此鹅在欧洲分布甚广，其饲养量很大。奥拉斯鹅体型中等，成年公鹅体重 6~7 千克，母鹅重 5~6 千克。全身羽毛洁白，肌肉发达，生长迅速，8 周龄仔鹅体重 4.5~5 千克。可直接用于生产肉用仔鹅（图 3-19）。

母鹅产蛋量较高年平均产蛋量 55~60 枚。母鹅繁殖盛期可到 6 岁。

图 3-19　奥拉斯鹅（意大利鹅）

五、玛加尔鹅

此鹅原产于多瑙河流域和玛加尔平原主要分布在匈牙利，故又称匈牙利鹅。本种生活力强，肉用和肥肝性能均好，是肉用型和肥肝生产的主要品种。由埃姆登鹅与巴墨鹅和意大利的奥拉斯鹅杂交育成。近几年又引入了莱茵鹅的血统。玛加尔鹅体型、毛色和生产性能等随饲养环境不同而不同，一般分为玛加尔平原地区和多瑙河流域两个地方品种。玛加尔平原地区的品种体型较大，成年公鹅体重 6~7 千克，母鹅 5~6 千克。多淄河流域的体型较小，成年公鹅体重 6 千克，母鹅 5 千克。外形、体色和生殖机能因饲养环境不同也有差别。玛加尔平原鹅一般羽色为白色，胫、蹼呈橘黄色（图 3-20）。

母鹅在一般饲养条件下，年产蛋 15~20 枚，近年来引进莱茵鹅血统，在大型场科学饲养条件下，提高了其繁殖性能，产蛋量可达 30~50 枚，蛋重 160~180 克，部分母鹅有就巢性，从而影响了产蛋量。

图 3-20 玛加尔鹅

六、图卢兹鹅

图卢兹鹅又名茜蒙鹅，由灰雁驯化选育而成。是世界上体型最大的鹅种。图卢兹鹅以产蛋量高，繁殖性能好而著称。肥肝性能用品系，但质量较差。19世纪初原产于法国西南部的图卢兹镇郊区，故此得名。主要分布于法国西南部。该鹅体型大且有中型鹅的特征。公鹅体重10~12千克，母鹅体重9~10千克。图卢兹鹅体羽丰满，鹅头大、喙尖颈粗短，体躯呈水平状态，胸部而宽深，腿短而粗。额下有皮肤下垂，形成咽袋，腹下有腹皱，眼深褐色或红褐色。羽毛灰褐色，着生蓬松，头部灰色，颈背深灰，胸部浅灰，腹部红色翼羽深色带浅色镶边，尾羽灰白色，腿橘红色（图3-21）。

公鹅性欲强，母鹅10月左右开产，平均蛋重170~200克，蛋壳呈乳白色。年平均产蛋量30枚，母鹅就巢性不强，颈垂型繁殖性能差。该鹅是家鹅中最难饲养品种。

图 3-21　图卢兹鹅

附：引进鹅种的注意事项

第一，引进的鹅种应体质健康、发育正常、无遗传疾病、生活力强、成活率高。不从疫区引种，防止带进疫病。引种前必须对鹅舍、饲养场地和设备进行消毒。

第二，引种前必须了解引入鹅品种的技术资料及引进鹅品种的生产性能、饲料营养要求，纯种的外貌特征、遗传稳定性、饲养管理和抗病力等资料，以便引种后参考。

第三，引种应选择两地气候差别不大的季节进行，从寒冷地带向热带地区引种，宜在秋季进行；而从热带地区向寒冷地区引种，宜在春末夏初进行，以便使引入个体逐渐适应气候的变化。

第四，不同品种鹅的生产性能差异较大，适应性也不相同，所以首次引种数量不宜过多，引入后应先进行 1~2 个生产周期的性能和生活情况观察，确认引种效果良好时再增加引种数量。

第五，引进鹅种前应隔离饲养 30 天，经观察，确认无病后才能入场混群饲养。

第六，引进鹅种的运输时应尽量缩短运输时间，夏季炎热宜在清晨凉爽时运输；冬春季应在晴天中午进行，以减少鹅在运输途中发生疾病造成经济损失。

第四章　养鹅场地、鹅舍及用具

第一节　养鹅场地的选择

养鹅场地的选择直接关系到养殖鹅的环境是否适合鹅的生活、生产需要、卫生防疫和生产成本，养鹅经济效益，因此在养鹅前必须根据鹅场的生产目标对自然环境、地址、地势、地形、水源、水草资源、安全、交通和电力等条件，养鹅规模和场地面积等实际情况进行选址和科学规划，一个较大规模的鹅场规划应包括场前区、生产区和隔离区三大部分，一般小型养鹅场户不需单独上规划。

鹅是食草水禽，采食性强，耐粗饲，能采食并能消化大量的青草。根据鹅放牧、食草和水中活动的特点，养鹅场地应建在水质良好并有充足水的自然水源（水塘、水库、河湖）牧地开阔，附近和草源茂盛的地带，方向坐北朝南，地势高燥，水池有一定坡度为好。养鹅场地土壤以沙壤土为好，适于地面平养。最好能使场地处于农田中间或林地中间，便于放牧，又能与周围隔离，并要避开人口密集的住宅区环境清静，附近没有化工厂、畜禽加工厂等污染源，交通要相对便利处建造，人工水池，以活水源为好，水深1~2米为宜，以利鹅在水中活动和交配。此外，还要供电稳定。养鹅场规模应依据养鹅生产规模大小、投资能力、饲养条件、技术力量、鹅种来源和鹅产品加工、生产等条件确定场地。陆地运动场面积应为鹅舍面积的1.5~2倍，周围要建围栏，一般高80厘米，周围种植花草树木，绿化环境，夏季又可遮阳作凉棚。水上运动场面积应大于陆上运动场，周围要有围栏围住。

第二节　鹅舍的建造

鹅舍地面要高。雏鹅舍外地面30厘米以上，鹅舍建造可因陋就简，就地取材，用竹木和石棉瓦建造，亦可利用农家闲置的房舍改造，或建造良好的农用塑料暖棚养鹅供鹅栖息。但要有一定的通风条件。育雏、育肥和种鹅的鹅舍场地都应选择地势平坦而稍有坡度的有利排水防涝、防潮、坐北朝南、避风、向阳、冬季温暖，有阳光照射的地方。鹅虽然属于水禽，但生活力很差，怕潮湿，不宜建在低洼潮湿的场地，因为潮湿的地方是鹅体的寄生虫和蚊虫聚集的场所。鹅舍地面要高于舍外地面30厘米以上，建造的鹅舍舍内应保温良好，开设通风换气装置，空气流通。如鹅舍湿度大、温度高、鹅体热向外散发受到抑制，就会影响机体内的物质代谢，食欲下降，抵抗力减弱，容易引发病。室内相对湿度在60%左右为宜。如鹅舍内湿度不大，温度低，体热会大量散发而感到寒冷，容易引起感冒和下痢。

鹅舍也可建造塑料拱棚育雏。拱棚用竹杆或木料搭建，高约1.5米。拱架不要太高，要求达到人进到鹅舍内不碰头即可。拱架用透明的薄膜覆盖，在拱棚薄膜的适当位置预留1~2个通气孔，鹅床高出地面40~60厘米，便于鹅排粪落在棚架上。养鹅场及种鹅采用舍饲或半舍饲，以利鹅的生长和产蛋。拱架内用砖砌一火墙，火墙的一端连接炉子（最好在另一间屋内砌炉子），另一端通往烟筒。塑料拱棚也适于冬季北方地区饲养中鹅和育肥鹅。为了雏鹅的成活、生长和产蛋，鹅舍应分别建造育雏室和种鹅饲养室。

一、育雏舍

出壳以后的雏鹅，绒毛稀少，体质较弱，体温调节机能较差，外界温度的变化对它影响很大。因此，需要有14—28天的保暖期。育雏舍要求通气、干燥和保温性能好。其舍高2米，窗户面积与地面积比例为1∶10~1∶15。地面要平坦，并用水泥制成，便于清洗。每间育雏舍面积能饲养400~600羽雏鹅为宜。舍内再分成多间小室，每间小室面积为15~20平方米，容纳1周龄内雏鹅200~300羽。室前设置运动场（宽度为3.5~6米）、水浴池（池底不宜太深），且应有一定坡度，便于雏鹅群饮水和放牧。冬季和早春气温低，室内还要育雏供暖保温设备。保温可采取室内增温方式，主要有以下几种增温方法供养殖鹅场户选用。

1. 煤气热源保温

在室内铺设煤气管道，排气孔设在室外，利用煤气热源提高室温。

2. 电热保温伞保温

利用铝合金或木板、纤维板制成保温伞，伞内四壁安装电热丝作为热源，并接上自动控温装置。伞的边长一般为100厘米，高67厘米，此法管理方便。

3. 红外线灯泡保温

红外线电灯泡规格为250瓦，使用时成组连在一起挂在离地面40~45厘米的高度。随鹅日龄增长而提高，灯下设护围。此法保温使用方便，温度稳定，垫料干燥，育雏效果好，外加上木板或纤维板伞外罩效果更好，但耗电量大，灯泡易耗损，成本高。

4. 地下烟道或火炕保温

建造烟道材料用土坯，有利于保温吸热。此法温度稳定，使雏鹅腹部受温，地面干燥，育雏效果好，且结构简单，成本低廉。燃料可就地取材，烧煤和柴草或木炭均可。

5. 利用自温育雏保温

方法是将雏鹅放入铺有干燥清洁垫草的箩筐或纸箱内，用麻袋加盖既保温又通气，此法是利用鹅自身的热量通过覆盖物进行调温，设备简单，节省能源，适用于农户小群育雏。

二、育肥舍

以放牧为主的肥育鹅可不设育肥舍，可利用普通旧房舍或用竹木搭成和石棉瓦搭建成前高后低的设单列式或双列简易式棚舍单列式冬暖夏凉，较少受季节限制；冬季寒冷地区不宜采用双列式棚舍。前檐高1.7~2米，后檐高0.3~0.4米，进深4~5米。前檐可不砌砖墙后檐砌砖墙挡北风。育肥舍内应干燥，舍内地面夯实平整，也可用竹片围成栏棚，棚高 70~80 厘米，竹片空隙距离 5~6 厘米，便于鹅伸出颈采食和饮水。棚栏周围设水槽 1 个、饲槽 2 个，水槽宽 16 厘米、高 12 厘米，饲槽上口宽 30 厘米，底宽 24 厘米、高 23 厘米。棚架离地面 65 厘米，棚底用竹片制成，空隙 3 厘米，便于清除粪便，每栏 10~12 平方米，饲养肉鹅 40~50 只，育肥舍外场地与舍外水面相连，应在水面用尼龙网或旧网围起。

三、种鹅舍

主要用于饲育种鹅，要求种鹅舍应建在地势高燥、防寒隔热性能优良，冬暖夏凉、环境安静的地方。种鹅舍大多采用单列式冬暖夏凉，种鹅舍比一般鹅舍相比，用于反季节生产的鹅舍要有遮光效果。种鹅舍一般要求屋顶高 5 米，檐高 4 米，舍内面积 320 平方米，可养种鹅 1 000 只左右。舍内设 1 个产蛋间，1 个单间。栏高 2 米，窗户面积与室内面积比为 1：10~1：12。室内地面为砖地或水泥地，也可用三合土。鹅舍内地面比室外高 10~15 厘米，以保持干燥，也便于清洁冲洗，每平方米养大型种鹅 2~3 只，中型种鹅 3~4 只。室内设有产蛋间，用竹片围成 60 厘米高的小间，产蛋间地面铺有 3~4 厘米厚柔软的干草或稻草，以利于母鹅产蛋。每隔 1~2 天将垫草翻晒，要经常不断补充新草。种鹅舍外面应有面积为鹅舍面积 1.5~2 倍放牧用的草地运动场和放养水域，以供种鹅在水中游牧活动，水流宜缓慢，水深 0.5~2 米为宜，如水源太浅或太深，就会影响鹅配种活动，受污染的水也会影响鹅体健康和产蛋量。

冬季种鹅暖棚面积的大小，通常以每平方米可养 2~3 只为宜。前墙高度一般是 80~100 厘米，后墙高度以人进到棚内管理碰不到头即可。四壁可用玉米秸、高粱秸架起，两边用泥抹糊，不留缝隙，不透寒风。有条件的种鹅暖舍可用砖砌墙，瓦盖顶。地面要铺垫 3~4 厘米的麦秸或稻草，每隔 1~2 天将铺用垫草翻晒，并经常注意不断补充新草。

四、种蛋孵化室

采用母鹅进行自然孵化时，应设置专用孵化室，可建在种鹅舍附近，便于鹅就近抱窝。种蛋孵化室要求环境安静，舍内光线暗淡，有利母鹅安静孵化。通风、保温、冬暖夏凉，种鹅舍内地面铺有水泥，比舍外高 15~20 厘米，且有排水出口通往室外，以利冲洗清毒。采用天然孵化时，舍前设有水陆运动场，陆上运动场应设有遮阴棚，以供雨天就巢的母鹅活动与喂饲之用。

人工孵化室的面积大小应根据孵化用机具大小、数量而定。孵化室面积按具体条件设定，一般 12~20 平方米，要给每只母鹅安放 1 个孵化巢。种蛋孵化室的具体规格和就巢鹅活动与采食（饮水）要求，可与孵鸡用孵化室类似。

第三节　鹅场设备

鹅场无论是舍饲或放牧，都必须备有饲具和饮水器具，喂料器和饮水器的大小和高度应根据鹅不同日龄确定，保证鹅的头颈能伸入器内采食和饮水，而又不致进入器内践踏食料和饮水。雏鹅和种鹅的喂料食槽与饮水器种类和形式多样。一般用木盆或瓦盆，饮水器的面积和大小以雏鹅饮到水为宜。育肥鹅可用木制喂料槽，或利用铁皮或水泥制成饮水器，也可用塑料盆，其长、宽、高为 60 厘米×20 厘米×12 厘米，并适当加以固定，防止碰翻。水泥饲槽，长度为 50~100 厘米，上宽 30~40 厘米，下宽 20~30 厘米，高 10~20 厘米，内面要光滑。雏鹅舍还要备有各种保温器；可用稻草编织成草窝既保温，又通气是理想自温育雏保温用具，又可供作母鹅产蛋巢，产蛋箱可用箩筐，里面铺上稻草，作为母鹅孵化巢孵化和育雏加温设备保温。可使用电热育雏伞，红外线灯，煤炉等。

第四节　鹅舍和用具消毒

　　鹅舍和用具在鹅进入前都必须消毒，正常的消毒程序要求。首先清扫，除去灰尘，然后用高压水冲洗干净（冲洗能除去大部分微生物），使用的器具如料槽、水槽等经常用清水洗刷待干燥后，可用 3%~5% 的烧碱消毒，鹅舍内平养要铺上垫料常带有霉菌、螨消毒，再用福尔马林熏蒸。熏蒸前密闭鹅舍，室温保持在 28~30℃。熏蒸后 5 小时再开窗开门，待气味基本挥发完后再进鹅。鹅的粪尿要及时清除，将鹅场粪尿、垫物、病死鹅尸体和死胚处理方法是远离鹅舍堆积，腐熟制作堆肥，利用高温杀灭病原菌或作为有机肥用于农田。鹅场污水可用来生产沼气或用污水中加入氯化消毒剂生成次氯酸而进行消毒，处理后可浇灌果树。

第五章 鹅的营养与饲料

第一节 鹅体生长需要的营养物质

鹅体必须从外界摄取各种营养物质，经过消化、吸收，使之转化为鹅体所需要的能量，用以维持其正常生命活力和健康对营养的需要。饲料中的营养物质主要包括蛋白质、脂肪、碳水化合物、矿物质、维生素和水等。这些营养物质对鹅的生命活动、生长、产肉、长羽、繁殖、产蛋、肥肝生产性能的提高都有相应的重要作用。

一、蛋白质

蛋白质是鹅体一切生理过程必需的营养物质，是鹅体组织结构的重要成分。构成蛋白质的元素主要有碳、氢、氧、氮和少量硫，蛋白质是一种复杂的高分子有机化合物，是机体新陈代谢不可缺少的物质，也是生命活动中各种活性物质如酶、激素、抗体等组成的基础。蛋白质在代谢过程中也释放能量，每克蛋白质在体内氧化时可产生 4.1 大卡[①]的热量。

在通常情况下，成年鹅日粮粗蛋白质含量在 15% 左右，即能提高产蛋性能和配种能力。雏鹅日粮粗蛋白质的含量要有 20%，即可提高其生长速度。

蛋白质的基本组成成分是氨基酸，鹅体所需要的蛋白质通常都是饲料中所含蛋白质经过消化分解成分子较小的氨基酸后才被吸收利用的。蛋白质的品质是由氨基酸的数量和种类所决定的。蛋白质因含必需氨基酸的多少不同，营养价值也不一样。鹅的必需氨基酸有 10 种，为赖氨酸、蛋氨酸、苏氨酸、亮氨酸、异亮氨酸、色氨酸、精氨酸、苯丙氨酸、组氨酸、缬氨酸。蛋白质因含必需氨基酸的多少不同，营养价值也不一样

■ 二、脂肪

鹅体的肌肉、皮肤、内脏和血液等一切体组织中都含有脂肪。脂肪是构成机体细胞、组织的重要成分，鹅体的一切生理过程都需要能量的保证。每克脂肪充分氧化后可产生 39.33 千焦热量。在营养缺乏和产蛋时，脂肪分解产生热量，补充能量的需要。鹅体的生长发育及修补组织都必须有脂肪的充分供给。机体内的胆固醇是构成维生素 D 及固醇类激素的来源，也是脂溶性维生素的溶剂，可以促进维生素的消化吸收，贮存于皮下的脂肪层还具有保温作用。因此，脂肪是鹅体不可缺少的营养物质。鹅体所需的脂肪主要从饲料中摄取。当饲料中脂肪不足时，会影响脂溶性维生素的吸收，导致生长迟缓、性成熟推迟、产蛋量下降。由于一般饲料中都

含有一定数量的粗脂肪，而日粮中碳水化合物也有一部分转化为脂肪，鹅在自由采食时有调节采食饲料和采食量以满足自己对能量需要的本能，故不需要在饲料中补充脂肪。若饲料中脂肪过多，也会导致鹅食欲不振、消化不良，鹅过肥还会影响产蛋。但如果养鹅生产肥肝时，则饲料中需要搭喂适量脂肪。

三、碳水化合物

碳水化合物又称糖类，也是构成鹅体的重要组成成分，含量不到1%。糖在鹅体中可转化为脂肪贮存于体内，也可贮存于肝脏和肌肉中。糖类不足时又可分解为葡萄糖供机体活动的需要。鹅体各组织器官的一切机能活动都需要消耗能量，主要来自糖类在体内氧化分解后产生的能量，保持体温和维持生命活动，贮存于肝脏和肌肉中，剩余部分转化为脂肪贮存起来。不同品种的鹅及不同生产阶段对代谢能的需要量各不相同。碳水化合物广泛存在于饲料中，动物性饲料中含量很少。当碳水化合物充足时，有利于减少蛋白质的消耗，有利于鹅的正常生长和产蛋；反之，鹅体就会增加蛋白质和脂肪的消耗，造成生长发育迟缓，体重减轻，同时也易造成脂肪氧化不全。鹅消化粗纤维组分中纤维的能力较强，因而成鹅日粮中可适当搭配粗糠、谷壳等含纤维较多的饲料。但鹅对纤维素，尤其是木纤维的消化能力有限，故一般饲料中纤维素的含量以5%~8%为宜。

四、矿物质

矿物质又称无机盐，是鹅体骨骼、肌肉、血液、蛋壳必不可缺的营养物质，也是维持鹅体正常生长、繁殖和生理活动所必需的物质。矿物质包括的范围很广泛，维持机体正常营养所必需的矿物质有钙、磷、铁、钾、氯、硫、镁，以及需要量极微少的微量元素如铜、钴、碘、锌、锰、硒、氟等。矿物质是鹅体组织器官中细胞，特别是骨骼和蛋壳的主要成分，也是维持酸碱平衡和调节渗透压平衡的缓冲物质，同时，对激活酶系统等也有作用。鹅的日粮中必须适当添加适量食盐和微量元素，如矿物质供应不足，会引起发育不良，如鹅日粮中钙、磷缺乏，幼鹅发生佝偻病和软骨病；母鹅产蛋产软壳蛋，薄壳蛋，孵化率下降等。但供喂过多又会引起中毒。

五、维生素

维生素是维持鹅体各种生理机能正常活动所必需的特殊物质，参与体内各种物质代谢。虽然鹅对维生素需要量很少，但它广泛存在于各细胞中。如果缺乏维生素，酶就无法合成，可引起代谢失调、生长发育停滞、产蛋量下降、繁殖机能减退、抗病力减弱，并导致维生素缺乏症的发生。鹅体内只能合成少数的维生素，大多数的维生素不能在体内合成，有的虽能合成；但不能满足需要，必须靠饲料补充摄取。维生素的种类很多，鹅所需要的维生素，按其溶解性质可分为脂溶性的和水溶性的两大类。脂溶性维生素主要有维生素 A 维生素、维生素 D、维生素 E、维生素 K 等；脂溶性维生素除维生素 E 外，较易发生过多症。水溶性维生素主要包括维生素 B 族、维生素 C。水溶性维生素一般不会发生过多症，多了能迅速排出。维生素 A 属于帖醇类，它与鹅体正常生长发育、视觉上皮和生殖系统的功能有关。维生素 A 供给不足时，生长停滞、生殖系统机能破坏、神经系统退化，易发生夜盲等疾病。维生素 D 是固醇衍生物，主要参与体内钙、磷的代谢过程，是鹅体骨骼和蛋壳形成所必需的营养物质。仔鹅缺乏维生素 D 将发生软骨症、软囊和腿骨弯曲。维生素 E 是（生育酚），有助于保持生殖器官的正常机能和肌肉的正常代谢作用，也是体内的抗氧化剂，能防止不饱和脂肪酸的氧化，对鹅体消化道及机体组织中的维生素 A 等具有保护作用。当饲料中维生素 E 缺乏时，能使生殖机能发生病变，如种蛋受精率差。种蛋受精率低、产蛋率下降，雏鹅易患脑软化症、白肌症等。维生素 K 和凝血有关，缺乏时则血液不凝固。维生素 B 族在鹅机体内主要是以新陈代谢各种反应的酶类中的辅酶基的形式参与各种生理活动，与神经系统和循环系统的功能有关。缺乏时会引起蛋白质或碳水化合物的代谢障碍，运动和感觉神经及心脏、血管系统机能的紊乱。这类维生素在鹅体肠道内可以合成，足以满足其机体的需要。维生素 C 是有机酸类，它和循环系统的功能有关，缺乏时会引起坏血病。这种维生素也可在鹅体内可以合成。

六、水分

水分是鹅体重要组成部分，也是鹅体生理活动不可缺少的成分，它既是鹅体营养物质吸收、运输的溶剂；也是鹅体新陈代谢的重要物质，还能帮助调节体温。鹅体水分来源是饮水，喂食干饲料更需饮水。因此，舍养鹅，尤其集约化养鹅，必须供饮充足清洁饮水，满足鹅对水的需要。在水域放牧养鹅，鹅自由饮水，不会发生缺水现象。

第二节　鹅的常用饲料

鹅是嗜食青草类的水禽，食谱极广，有"鸭食腥，鹅食青"之说，群众称为"荤鸭素鹅"，是说鹅主要食用植物性饲料和矿物质饲料。我国地域辽阔，天然饲料资源极其丰富，可以满足鹅的生长需要，鹅的常用饲料按其性质大致可分为青饲料、块根、谷物果实类饲料、动物性饲料、矿物质饲料和添加剂饲料等。

一、青绿饲料

青绿饲料中胡萝卜素和维生素 B 族丰富，并含一些微量元素，对鹅的生长、产蛋、繁殖以及维持鹅体健康均有良好的作用。可以利用青绿饲料补充鹅的营养需要。青饲料新鲜、幼嫩、多汁，具有含水分高、适口性好、易消化、含有多种维生素和纤维素的特点，并且利用时间长，粗蛋白质和多种维生素含量丰富。鹅饲料中以维生素 A、D、B_1、B_{12} 以及维生素 E 和 K 尤为重要，对鹅的成长有重要作用，来源广泛，成本低廉。青饲料青草类（鹅喜食的青草很多，包括禾本科、豆科、菊科、十字花科等青草、三叶草、聚合草、鹅子草、三棱草、紫云英、鸡眼草、柳叶草等）、叶菜类（如莴苣叶、牛皮菜、白菜、甘蓝、荠菜、萝卜叶、空心菜等）、水生植物（如水花生、水葫芦、绿萍、水芹菜等）等，鹅喜食的很多，这些青饲料新鲜、幼嫩、多汁、容易消化、适口性好，在冬季和早春青草缺乏时，都是鹅青绿饲料的主要来源。干老的青草含粗纤维多，难以消化，营养价值相应降低，干的草粉和树叶（如榆树叶、洋槐叶等）和青绿饲料一样是主要的维生素来源，都是鹅的主要饲料。农村可以人工种草，利用冬闲田和零星土地种植营养丰富的牧草，如三叶草、紫云英、黑麦草等，在同等饲料水平下，可缩短饲养期 7—10 天。为了防止冬季和早春青饲料缺乏，可将新鲜幼嫩的青草、白菜、甜菜、玉米苗、高粱苗、甘薯藤叶等青饲料切碎，装入青贮窖内，通过封埋，在缺氧条件下，利用微生物的发酵作用，可长期保存青饲料，青贮饲料营养物质不易损失。待缺乏青饲料时喂饲。青贮饲料有味道酸甜、颜色均匀、适口性好、利用率高、取用方便等特点。鹅饲喂青贮饲料应由少逐渐增多，日饲喂量不宜太多，只作日粮的补充饲料，一般占日粮比例可达 20%~40%。

二、块根、块茎和瓜类饲料

鹅的块根、块茎和瓜类饲料如甘薯、胡萝卜、南瓜和马铃薯等，这类饲料含碳水化合物多，能量和胡萝卜素的含量高，适口性好，易消化，是育肥期的好饲料，但蛋白质和钙的含量低。此类饲料须经切碎或煮熟后饲喂，消化率高，占日粮比例不超过5%。

三、谷实类饲料

鹅的谷实类饲料如稻谷（在日粮中可占10%~30%）、玉米（日粮比例可占50%~70%）、碎米（日粮比例可占20%~40%）、小麦（日粮比例可占10%~20%）、大麦（去壳后可占日粮比例5%~10%）、高粱（日粮比例可占10%）等，含淀粉、糖类较多，并含维生素B、维生素E丰富，是鹅的重要精饲料，常作鹅群产蛋、繁殖和育肥阶段的主要能量来源。籽实饲料应用机械设备将颗粒较大的谷粒、皮壳坚硬的籽实磨成小颗粒，但不宜磨的太细，因为粉状饲料在鹅消化道中易呈黏性面团状，不利于吸收。玉米、大麦等谷类饲料通过浸泡，可提高饲料营养成分中的游离氨基酸和维生素含量，而且适口性好。

四、糠麸类

糠麸类饲料包括稻米糠，麦麸及其他糠麸，如玉米糠、小米糠等。稻米糠新鲜适口性好，但粗纤维含量过高。喂量不宜过多。米糠饲料日粮比例可占 5%~10%。麦麸中含蛋白质、锰和维生素 B 族含量较多且适口性好。小米糠的饲用价值高。鹅饲喂麦麸饲料日粮比例可占 10%~20%。

五、动物性饲料

养鹅一般很少饲喂动物性饲料，但动物性饲料中含大量蛋白质、各种氨基酸和矿物质，对鹅的生长发育、产蛋、繁殖都有促进作用。常见的动物性饲料蛋白质含量高达 55%~62%。如鱼粉在其日粮中比例可占 1%~3%；血粉含粗蛋白质 80% 以上，在日粮中比例不宜超过 1.5%，羽毛粉含蛋白质高达 80% 以上，在日粮中比例可占 1%~3%，肉骨粉一般含粗蛋白质 50% 左右，在日粮中比例可占 0.5%~2%。蚕干粉属动物性蛋白质饲料，富含蛋白质，氨基酸及钙、钾和 B 族维生素，在鹅日粮中加入 5% 蚕干粉喂鹅，可使鹅产蛋率提高 10%~15%，节省饲料 8% 以上。

六、糟渣、饼粕类饲料

糟渣、饼粕类等类饲料含淀粉、糖类较多。特别是油饼类（如豆饼、花生饼、棉籽饼等）含较多的赖氨酸、色氨酸和蛋氨酸以及少量脂肪，是鹅生长发育、产蛋必需的营养物质，但饲喂油饼类饲料时应磨成小颗粒。

七、矿物质饲料

矿物质饲料可补充鹅体所需的矿物质营养物质。常用的矿物质饲料如石粉、贝壳粉（系由蚌壳、螺壳、牡蛎等加工粉碎的粉末，在鹅的日粮中比例可占 1.5% ~ 2%）、蛋壳粉、食盐（日粮中比例不宜超过 0.3% ~ 0.4%）、磷酸氢钙（由磷矿石经过脱氟处理后制成，日粮中比例可占 1% ~ 5%）等。以上这类饲料中含有最重要的钙、磷、钠、钾、锰、锌、碘、铜等元素。

八、添加剂饲料

添加剂是指为满足鹅等家禽特殊需要而添加饲料中的少量或微量物质，添加剂在配合添加量在全价饲料中通常占很小比例，一般仅为千分之几或万分之几。配合添加量一般仅为千分之几或万分之几。在鹅饲料中添加少量或微量添加剂，可增进食欲，促进新陈代谢，促进生长发育及生产性能的发挥，提高饲料利用率，增加经济效益。

常用的饲料添加剂种类繁多，有营养物质添加剂（维生素、微量元素、特种氨基酸等）、生长促进剂等。必须根据鹅的生长发育阶段的营养需要和消化特点，按照各种饲料的营养成分进行科学配方，力求饲料多样化，以便在营养成分上更为全面。如在鹅产蛋前 1 个月内开始在日粮中添加腐殖酸钠，可使鹅提前 15 天开产，产蛋量可提高 25%，受精率和孵化率提高，雏鹅成活率提高 5% 以上，快育灵添加剂是具有广谱抗菌特性的药物，能显著促进家禽生长发育，提高对饲料的消化利用能力，在肉鹅饲料中添加 20~30 毫克/千克，可增重 8%~12%，蛋鹅产蛋率提高 5%~10%。此外，在鹅日常饲料中添加适量强壮剂，如黄芪，有助强壮筋骨、长肉补血的作用，且能抑菌消炎。在鹅日粮中添加 2%~4% 黄芪干粉，可降低死亡率，提高饲料利用率 8%，日增重提高 12%，雏鹅成活率提高 10%，可促进鹅健康生长。

饲料应合理搭配，必须满足家禽营养需要，并根据不同种类鹅的消化生理特点，鹅耐粗饲以利用当地饲料为主，同时要控制配合饲料的品质，如营养浓度、适口性、有无霉变、酸败、污染等方面。同时要求饲料新鲜、品质良好、形状适当。为了保证鹅常年有足够的饲料，在夏秋季节，可把青饲料和农作物秸秆粉碎，放在干燥通风的地方保存起来，以供鹅在冬季、早春食用。鹅常用饲料主要营养成分见表。

表 鹅常用饲料主要营养成分

饲料种类	代谢能（大卡/千克）	粗蛋白（%）	蛋氨酸（%）	胱氨酸（%）	赖氨酸（%）	钙（%）	磷（%）
玉米	3 300	7.8	0.12	0.11	0.23	0.07	0.30
高粱	3 200	8.6	0.11	0.20	0.13	0.07	0.25
大麦	2 800	10.9	0.13	0.17	0.39	0.07	0.32
小麦	3 080	11.4	0.17	0.20	0.34	0.06	0.34
糙米	3 240	7.3	0.10	0.10	0.20	0.01	0.29
碎米	3 000	8.3	0.15	0.14	0.31	0.09	0.20
小米	3 080	12.0	0.22	0.21	0.29	0.04	0.29

（续表）

饲料种类	代谢能（大卡/千克）	粗蛋白（%）	蛋氨酸（%）	胱氨酸（%）	赖氨酸（%）	钙（%）	磷（%）
甘薯干	2 810	47.9	0.13	0.09	0.17	0.19	0.09
稗子	1 474	14.2				0.27	0.60
小麦麸	1 780	11.7	0.23	0.25	0.6	0.3	1.0
米糠	2.10	10.3	0.27	0.20	0.56	0.10	1.30
高粱糠	2 761	7.9				0.30	0.44
玉米皮	2 389	40.2				0.80	0.59
豆饼	2 500	40.0	0.51	0.89	2.41	0.32	0.50
花生饼	2 460	35.0	0.35	0.63	0.80	0.32	0.59
棉籽饼	2 900	36.0	0.61	0.38	1.54	0.39	1.05
菜籽饼	1 620	65	0.71	0.61	0.81	0.53	0.84
鱼粉（65%）	2 640	53.6	1.90	0.60	4.90	3.8	2.50
鱼粉（53.6%）	3 303	43.0	1.18	0.45	3.49	3.16	1.17
骨肉粉	1 670	65	0.70	0.30	2.50	11.0	5.60
蚕粉	2 570	85	2.70	0.70	4.39	0.20	0.90
羽毛粉	2 552	80	0.51	2.38	1.27	0.22	0.33
血粉（80%）	2 250	18.0	0.54	1.85	6.90	0.2	0.2
粉	1 580	17.0	0.14	0.12	0.92	1.60	0.40
叶粉	1 610		0.22	0.22	1.06	0.40	0.40
骨粉						28.0	14.0
碳酸氢钙						23.0	18.0
磷酸钙						28.0	14.0
贝壳（或碳酸钙）						38.0	
石灰石粉						37.0	

第六章　鹅的饲养管理

　　鹅一般在早春进行繁殖，春季孵化，夏秋上市。每年3月上旬至4月上旬（惊蛰至清明）开始养育雏鹅，这段时期气温转暖，青饲料来源丰富，到仔鹅旺食期又可充分利用小麦、油菜田收割时机放牧。在其生长发育不同阶段，应采取不同的饲养方法。

第一节　雏鹅的饲养管理

　　雏鹅又叫苗鹅，是指出壳后生长发育到4周龄或1月龄的幼鹅，生长发育快，新陈代谢旺盛，消化道容积小消化吸收能力弱，个体小。雏鹅出壳后，全身仅被覆稀薄的绒毛，缺乏自我调节体温能力，适应外界环境的能力和抗病力差，雏鹅饲养管理好坏直接影响雏鹅生长发育和成活率，继而影响到成鹅生长发育和生产性能。如果饲养管理不当，容易引起疾病，造成雏鹅大批死亡。因此，掌握育雏技术，搞好雏鹅的饲养管理是提高育雏成活率与养鹅生产的重要环节。

一、雏鹅品种的选择

雏鹅应选择体型大、头稍大、腹部大小适中而柔软，绒毛蓬松洁净，生长发育快，耐粗饲，饲料转化率高，饲养周期短，产肉蛋多，产羽绒高的品种。不同孵化季节孵化出的雏鹅，对其今后的生产性能影响很大，如早春孵出的雏鹅生长快，体质健壮，开产早，生产性能好，选种时一般选择早春孵出的雏鹅。饲养良种鹅要比饲养当地普通鹅效益高40%~60%。我国鹅的品种较多，各地目前普遍饲养的品种主要有两种：一种是白鹅；另一种是灰鹅。种鹅有皖西白鹅、太湖鹅、四川白鹅、长白鹅、浙东白鹅、豁眼鹅、狮头鹅、溆浦鹅、济州鹅、隆昌鹅、雁鹅及引进的朗德鹅、莱茵鹅等优良鹅种。对于雏鹅必须按出壳时间和体质强弱情况进行严格挑选。挑选鹅应选体型大，身体健壮，生长快，举止活泼，眼大有神，反应灵敏，腿部粗壮有力，用力一抓感到其挣扎有力，双脚迅速收缩，有弹性的雏鹅。出壳不久的健康雏鹅的特征是毛干后能站稳，叫声响亮，毛色光泽，绒毛均匀，卵黄吸收好，脐部收缩完全，腹部松软。如发现雏鹅的卵黄吸收不完全，可用25瓦灯泡放在雏鹅腹部烘5—10分钟，能促进卵黄吸收。好的雏鹅体形似方砖形，腹部柔软，脐带收缩良好，肛门清洁，站立平稳，行走活泼，叫声有力，毛色光亮，放倒后迅速直立。凡是精神沉郁，缩头闭目，眼圈潮湿，懒动，尖叫不休，叫声嘶哑，反应迟钝，周身绒毛细短、稀疏、无光泽，腹部膨大，脐部突出、血脐，卵黄吸收不良，用手握住颈部提起来时挣扎无力，肛门周围绒毛脏污，或患有慢性疾病，食欲不振，营养不良，机体消瘦，换羽迟缓的弱雏均不易成活，应予剔除。

二、育雏舍和用具消毒

为了提高雏鹅成活率，必须在育雏前 5—7 天对育雏舍及用具进行严格消毒。雏鹅舍地面、墙壁、门窗等处打扫干净后用热石灰水粉刷。经常清洗饲料槽、饮水器等用具，并用 1%火碱溶液或 0.2%百毒杀溶液喷洒消毒 1 次，然后用清水仔细冲洗并均匀摊开，摆放育雏舍内。按每平方米用福尔马林 30 毫升、高锰酸钾 15 克熏蒸，熏蒸时要关闭育雏舍和通风口及门窗，经密闭 24 小时后方可打开通风口和门窗，待毒气散尽，方可入内育雏工作。

三、合适的密度

雏鹅合适的饲养密度直接关系到雏鹅活动、采食、空气新鲜度。若雏鹅饲养密度过大，拥挤在一起，会出现互相啄羽、啄趾的恶习；密度过小则造成浪费。饲养密度应根据雏鹅舍的构造、通风及饲养条件灵活掌握。要保证每只雏鹅都能饮到水喝、吃到料。饲养密度一般 1~5 日龄每平方米 20~25 只，6—10 日龄每平方米 15~20 只，11~15 日龄每平方米 12~15 只，16~21 日龄每平方米 8~12 只。可根据育雏条件适当降低密度。同时育雏要按强弱分群，大圈养的雏鹅，要分隔成许多小群，每群最多 200 只，以免打堆时压死或压伤弱鹅。同时，要搞好育雏舍及用具卫生，勤打扫圈舍，及时清扫粪便，勤换垫料，定期消毒育雏室，保持鹅舍空气新鲜，注意通风换气时不要让风直接吹到雏鹅身上，以免受凉。

四、适宜的温度

刚出壳雏鹅绒毛稀薄，在 21 日龄内调节体温的生理功能还不完善，对外界温度变化没有自我调节能力，保温性能差，体质娇小，抗病力差，所以雏鹅出壳需要采取人工保温 1~2 周（冷天稍长，热天稍短）。雏鹅舍适宜温度：1~5 日龄为 26~28℃；16—20 日龄为 20~22℃；21 日龄后为 18℃；1 月龄前保持在 20℃以上，1 月龄后舍温不低于 18℃。温度是否适宜，可以看鹅群表现，温度过低，雏鹅表现集中成堆，挤在一起；温度过高时，则雏鹅四散，呼吸加快，张嘴喘气，频频喝水，食欲下降。当雏鹅呈现伸腿伸腰，三五成群在一起，静卧无声或有规律地吃食、饮水，排泄粪便，每隔 5~10 分钟运动 1 次的时候，就是温度适宜的具体表现。

育雏期间，最怕温度变化突然。从开始育雏到育雏结束，温度应逐渐下降。每 3 天下降约 1℃。育雏保温应遵循的原则：群小室温稍高，群大稍低；夜间室温稍高，白天稍低；弱雏室温稍高，壮雏稍低；冷天室温稍高，热天稍低。保温的方法很多种，在华东、华南气温较暖的地区多利用鹅体自身热量自温和人工给温设备育雏，采用地下烟道、煤炉和电热伞等保温方法。自温是利用雏鹅自身温度保温，方法是将初生雏鹅放在至少60~70厘米垫有稻草和草篓或竹篮内，每篓或每篮放雏鹅40~50只，上盖麻袋可以保暖通风。这是饲养数量不多的常用保温方法。饲养数量多可采用烧煤经地下烟道式火炕增温，此法温度稳定使雏鹅腹部受温，地面干燥，育雏效果较好，热能从地面上升，垫草湿气被烟道加热蒸发，舍内干燥，雏鹅卧在温暖干燥的垫草上很舒适，且成本低，适于农村的鹅场和庭院养鹅户采用。煤炉保温作热源向育雏室供暖育雏，要保持育雏生活适宜温度，适于雏鹅大群饲养，简便、经济，不受停电影响，但煤炉上方一定要安装炉筒，排除一氧化碳，并注意通风，以免造成煤气中毒，此法养鹅专业户采用较多。有条件用红外线灯给温伞，用250瓦红外线灯具挂育雏床上方，距床面0.5~1厘米。电热伞育雏保温效果好，管理方便，清洁卫生，节省劳力，缺点是耗电多，经常停电或无电的地区不宜采用。1~5日龄，如室温在15℃以上，白天可将雏鹅放在地面铺的垫草上，晚上放回育雏笼内，20日龄后，雏鹅耐寒能力增强，舍内小栏分栏饲养的雏鹅可以合群饲养。一般雏鹅保温期为3~4周时脱温，4周龄后离开育雏舍转入生长鹅舍，雏鹅脱温后应逐步外出放牧活动，可以锻炼和增强雏鹅体质。

五、适宜的湿度

湿度与温度一样对雏鹅健康有很大的影响，而且二者是共同起作用的。鹅虽为水禽但怕圈舍潮湿，尤其30日龄以内的雏鹅更怕潮湿。若湿度高在温度低下时，高湿度使鹅体热散发很快，觉得更冷，易引起感冒、拉稀、大堆、造成僵鹅、残次鹅和死亡，这是导致育雏成活率下降的主要原因。在高温高湿时，体热散发受阻，导致体热在鹅体内蓄积，引起食欲下降，同时高温高湿易引起病菌大量繁殖，造成雏鹅发病率上升。因此育雏舍地面要干燥，舍内通风，经常打扫卫生和更换垫草，保持干燥。鹅育雏适宜的相对湿度：1~10 日龄为 60%~65%、11~20 日龄为 65%~70%、20 日龄以后的相对湿度处在 60%~70%。

六、合适的光照

光照对雏鹅生长速度和对仔鹅培育期性成熟时间都有影响。育雏期也有利于雏鹅运动和采食。光照时间第 13 天可 23~24 小时光照，4~15 日龄 18 小时光照，16 日龄到 4 周龄采用自然光照，但晚上需开灯加喂饲料，光照强度 0~7 日龄每 15 平方米，用 1 只 40 瓦灯泡，8~14 日龄换用 25 瓦灯泡，高度距离鹅背部 2 米左右。如光照过度，种鹅性成熟提前，开产早；蛋形小，产蛋持续性差。

七、潮口和适时开食

雏鹅第一次饮水称为"潮口"，掌握在 3~5 分钟。目的是刺激食欲，促使胎粪排出。雏鹅出壳 24 小时后潮口与开食，因为初生雏鹅出壳后，腹内含有剩下的蛋黄，里面含有各种营养成分和水分，足够初生雏鹅在 3 天内生命活动的需要。出壳第 4 天起体内卵黄基本被吸收完，这时的雏鹅绒毛干爽、能行走自如，并表现有啄食人的手指和垫草的行为时，如果不适时开食对其生长发育不利。需要在出壳后 34—36 小时内就可以"潮口"后开食。头 1 周要喂给 25~30℃的温开水。饮用的水要清洁卫生，最好在 100 毫升 0.05% 的高锰酸钾水溶液中加入维生素 C 约 5 毫克、葡萄糖 5 克、红糖 3 克、日喂 5 次，进行清肠消毒，可以预防肠道疾病，一般饮用 2~3 天即可。初期饮水的饮水器，农户可用水盆，盆中倒扣 1 只杯子或碗。第 1 次饮水可逐只将鹅头压下，调整数次鹅就会自动到水槽旁饮水了。"潮口"后随即让雏鹅开食。

当雏鹅表现有伸颈张口、啄食行为时开始喂料，第一次喂料称为"开食"，用切细的鲜嫩菜叶（最好是莴笋叶）放在手中逗食。引起其啄食欲望，开食时不要求雏鹅吃饱，只要能吃进一点饲料即可。开食以后 3 天，最好用黏性小的米煮成外熟里不熟的"夹生饭"，以利于雏鹅的消化吸收。喂时一定要用清水淋湿，使饭粒松散不黏，喂前沥干水再搭配些切碎的青菜叶或嫩草叶，雏鹅对脂肪利用能力差，饲料中忌油。把饲料撒在干净的塑料布或席子上，引诱雏鹅自由采食。开食不求雏鹅吃饱（一般 7~8 成饱），过 2~3 小时后再用同样方法喂 1 次，待雏鹅会自动饮食后，可改在食盆或饲槽中给食。小群饲喂，可直接将饲料放在竹篮内或食盆内，喂切碎的青菜叶和配合饲料。10~20 日龄雏鹅每天喂 6 次，20 日龄以下的雏鹅每天喂 4 次，晚上补喂 1 次，夜间喂料是养好雏鹅的关键。10 天左右可赶出采食青嫩草叶，时间不超过 30 分钟，以后逐渐延长放牧时间，注意防雨、防暴晒。25 日龄以上的雏鹅可在青绿饲料中添加少许配合饲料或玉米粉。精料和青料比例 10 天前为 1：2，10 天为 1：4，做到饲料少喂勤添，定时量。雏鹅的消化机能尚不健全，应注意把握好雏鹅的潮口开食，否则容易引起雏鹅死亡。食后仍将雏鹅捉回篮内或用栈条分隔的小圈内，每群 20~30 只，让其休息。

八、科学配制日粮

雏鹅的日粮可由青饲料与精饲料、矿物质、维生素和添加剂等配合组成。配制鹅的饲料时应根据鹅体营养需要量，鹅日粮充分利用当地饲料资源。并需要因地制宜选择所用原料，降低成本。饲料原料应多样化，促使营养物质的互补和平衡，提高整个日粮的营养价值和利用率。育雏前期精料和青绿饲料比例为 1：2，以后逐渐增加青绿饲料的比重，10 天后比例为 1：4。青绿饲料品种如绿萍、嫩青草，叶菜类如莴苣叶、白菜、苦荬菜等。喂雏鹅的青绿饲料要求新鲜幼嫩，用前剔除黄叶和泥土，抽取茎梗，洗净切细成烟丝状。俗话说"鹅要青、鸭要荤"，2 周龄后要逐渐增喂青绿饲料的比重，由细到粗，10~15 日龄日粮中，料粮可占 30%~40%，青绿料占 70%~60%，缺乏青绿料时要在青绿料中补充 0.01% 的复合维生素。10 日龄内的饲料配方（%）是：玉米 40，糠麸类 25，豆饼 25，鱼粉 5，贝壳粉 2.6，骨粉 2，食盐 0.4（如鱼粉中含有盐则不再加盐）。11~20 日龄的饲料配方（%）是：玉米 50，豆饼 10，麦麸 15，草粉 15，骨粉 0.7，鱼粉 8，骨粉 0.7，食盐 0.3，生长素 1。11~20 日龄青料由熟喂逐步过渡为生喂，并逐渐转用混合精料。21～30日龄的饲料配方（%）是：①玉米40，糠麸类35，豆饼15，鱼粉5，贝壳粉2.6，骨粉2，食盐0.4；②玉米粉35，麦麸15，草粉18，蚕蛹15，菜籽饼15，骨粉0.7，食盐0.3，生长素1。如与放牧相结合，可节约精饲料。饲料必须新鲜清洁，严禁饲喂腐烂霉变的饲料，以防霉菌中毒。饲料的更换应逐步过渡。鹅没有牙齿，对食料机械消化主要用肌胃的挤压肫皮磨碎外，还须有砂砾协助。3周龄后鹅舍内放入沙盘，盘内放保健砂砾，砂砾以绿豆大小为宜。添加量1%左右，每周喂量4～5克。

九、精心饲喂

育雏阶段雏鹅胃肠小，消化快，饲喂要遵循少食多餐的原则。1～2日龄一般每天喂5～6次；2～4日龄时白天喂4～5次，夜间喂2次；5—10日龄雏鹅虽消化能力增强，但雏鹅消化系统仍未健全，饲喂次数白天喂6次，夜间加喂2次；11～20日龄时饲喂次数可减少到白天4～5次，夜间喂1次，并适当放牧；21～30日龄每天喂3～4次，并适当延长放牧时间，夜间喂1次。随着雏鹅日龄增长，喂料次数可少些，每天2～3次。到4日龄后可慢慢加些配合料代替米饭。在第二周以后雏鹅的消化能力有所增强，精料可由熟喂逐步过渡为生喂。1次采食增大，饲料中米饭可全部用配合精料取代，喂料时可把牧草切碎和精料拌和后放在食槽内，精料和牧草的比例为1∶4，精料可用自配料，其配方（%）为：玉米粉粒45，米糠 15，麸皮 10，豆粕 22，鱼粉 4，骨粉 1.5，贝壳粉 1.6，微量元素和维生素添加剂 0.5，食盐 0.4。配合料用量应随着饲养日龄逐日增加，牧草可切成 1~2 厘米长喂鹅。到第四周时，白天以放牧为主，中午和夜间各补饲 1 次，饮水每天 2~3 次。喂料时要求定时、定量，少喂勤添，每次喂 8 成饱为宜，否则会引起消化不良。

十、适时放牧与放水

鹅通过放牧，可以促进新陈代谢、增强体质，提高适应性和抵抗力。雏鹅未出大羽之前对外界环境的适应性不强，从舍饲转为放牧，改变了雏鹅生活条件，必须循序渐进放牧雏鹅，进行和科学管理，以免造成疾病和死亡。雏鹅初次放牧时间可根据气候和雏鹅健康状况而定。热天约在出雏鹅壳后 3~7 天，冷天为 10~20 天。最好在外界温度与育雏温度接近风和日丽进行，避开风雨天。雏鹅放牧时间离育雏舍距离近早晨气温低，第 1 次放牧时间上午待草上干后进行，下午后收牧时间早一些，防止雏鹅受凉和露水沾湿绒后引起感冒、腹泻。放牧次数由少到多，放牧前饲喂量逐渐减少，以致后来不喂，以提高放牧时的采食。对没有吃饮的雏鹅，放牧后应酌情补喂精料。一般 3 周后晴天后就可放牧，牧地应选择牧青草嫩、离育雏室和水源较近的地方，切不可缺水。每天放牧时，一般让鹅采食到食道膨大部鼓起直到咽喉下方，然后才能让其放水。每天要求在上午吃到二三成饱，下午三四成饱。在喂饲后才赶到附近平坦的草地活动，采食青草，放牧约 1 小时便赶回舍内。以后逐日延长放牧时间与距离。开始放牧后就可放水，赶到清洁浅水塘中任其自由下水活动一下。

雏鹅 7~10 日龄即可第一次放水。天气应选择晴天无风，放水的水温 22~30℃ 为宜。夏季中午禁止放水，以防烈日直射雏鹅的头部而发生中暑。饲喂后开始先将雏鹅赶到河滩，让其踩水饮水，但要防止雏鹅在水中浸湿绒羽毛，以免受寒，受凉发病。更不能到河中乱游，以防体力不足而遭淹死。初次放水时让雏鹅游水 1~2 次，每次 15~30 分钟。以后时间逐渐延长，以促进鹅脚蹼的发育，有利于雏鹅的生长发育。放水后要任其在岸上理羽片刻，待干身后才赶回鹅舍。雏鹅放牧一定要做到"迟放早收"。所谓迟放，就是上午第一次放鹅时间要晚一些，应以草上露水干为准。因为雏鹅腿部和腹下部的绒毛蘸湿后不易干燥，蘸湿绒毛使雏鹅着凉，导致腹泻、感冒。在饲养过程中，如果在露水未干前放鹅，鹅的绒毛被露水弄湿，雏鹅受凉后，往往表现精神萎靡，行动迟缓，喜卧，眼半闭，采食量减少，慢慢地一个个相继死亡。

放牧时应观察注意鹅的动态，加强放牧管理，雏鹅吃饱后才让鹅群蹲地休息，并定时赶动鹅群以免睡熟着凉。同时要注意天气变化，如鹅在炎热天气放牧要避免受烈日暴晒，如发现鹅表现出烦躁不安，急促鸣叫，应及时将鹅群赶到河塘中放水，让鹅吃草饮水。如有暴风雨就应把鹅群赶回，不能让雏鹅淋雨。每次放水时间约半小时即可，上岸休息约 1 小时后，鹅群出现躁动时即可再继续放牧。

十一、管理与防疫

防湿、保温对鹅的健康和生长影响很大，要求保持雏鹅舍通风干燥，保温，供给清洁充分饮水。料槽及用具避免污染、油腻。清洁卫生，每天要清洗料槽和饮水盆，勤换垫草，同时要注意饲料新鲜，并在饲料中加入如用土霉素、氟哌酸或喹乙醇进行预防性投药，对防止雏鹅疾病具有明显效果。要及时做好小鹅的防疫工作。刚出壳的雏鹅，及时用小鹅瘟疫苗免疫，能有效地预防鹅瘟病。养到 30 日龄左右时，每只肌注禽霍乱菌苗 1.5 毫升，饲养用具每隔 3~5 天用 5%鲜石灰水消毒 1 次，鹅舍和活动场地每隔 7~10 天用 1%漂白粉、2%草碱水，交叉消毒 1 次。发现疾病，及时隔离治疗。此外，还要防止鼠、猫、狗等动物的危害。

第二节 青年鹅的饲养管理

青年鹅称中鹅，又称生长鹅或育成鹅。俗称仔鹅。雏鹅饲养 30 日龄以上至 70 日龄进入青年期，这个时期的特点是消化道容积增大，消化能力和对外界环境的适应性及抵抗力增强。中鹅阶段的肉鹅 1 月龄后至主翼羽长出前，是骨骼、肌肉和羽毛生长最快阶段。中鹅饲养主要采取放牧饲养与舍饲结合关棚饲养形式，集约化饲养或冬鹅时采用能利用大量青饲料；消化能力和对外界环境适应性及抵抗力增强。逐步进入种鹅或转入育肥前期。一般饲养密度每平方米 4~6 只，以后根据环境条件适当减低饲养密度。中鹅阶段鹅的消化器官已较发达，消化道增大，对饲料的消化吸收力较强，采食逐渐增加，能大量地利用青绿饲料。这时白天以赶放方式整天放牧。青年鹅时期放牧初要适时放牧，每天上下午各放 1 次，活动时间不宜太长，逐渐延长时间直至全天放牧，要防寒防暑，早出晚归或早放晚宿，出牧和归牧要固定地点，在茬口田或草场放牧使鹅在放牧中能吃到一定数量的谷类精料和青饲料。养鹅经验是"夏放麦场、秋放稻场、冬放湖塘、春放草塘。"放牧时间逐步做到放牧与放水结合，每天放牧 9 小时左右。让鹅自由采食要吃 5~6 成饱，以适应鹅"多吃多拉"的特点。归宿的晚上适当补喂一次精料。如放牧能饱喝足，可以晚上不补饲。这不仅节约了精饲料，而且能得到充分的运动量，促进机体新陈代谢、体质健壮，相应增强鹅对外界适应，增强了生活力，但要避免农药中毒和到疫病流行区域放牧，应选择有丰茂鲜嫩牧草，草质优良、未受污染而又距鹅舍不远，地势平坦，附近有清洁水源的场地放牧，但牧草的高度以不高于鹅体为宜。在鹅放养的过程中，为了合理利用草地，应将鹅圈在一定范围内，鹅群以 200~300 只为宜，若牧地青草茂盛，可分片放牧。如果场地较大，草长的不茂盛，可将鹅群分散，让其自由采食，也可利用遗谷较多的稻茬田或苗圃果园有杂草地放养。每天放牧 8~10 小时为宜，天气炎热的夏季，要充分利用早、晚气温较低的时间，选择鹅舍附近的草质好、数量足的地方放牧。但要注意天气变化，防止雨淋，同时在鹅腹部片羽没长齐前，应在露水落下后再放牧，以防露水浸湿腹部，引起腹泻或感冒。其余时间则圈养，适当补饲精料。补料一般以糠麸和谷物为主，掺以少量豆饼和1%~5%骨粉，2%贝壳粉和0.3%~0.4%食盐，以促进骨骼正常生长发育。30~40日龄每天喂5~6次。

鹅吃草的习惯是先吃一顿草，然后就要找水喝，喝足后卧地休息。因此，放养时，除考虑牧草质量和清洁的水源外，舍外活动场还应有遮阴物，地面要平坦，具有一定倾斜度，便于排水，保持雨后地面干燥，以便鹅吃饱喝足后能有一个良好的休息场所。为了多喂清洁的青绿饲料，在晴朗暖和天气可整天放牧。遇到阴雨天或青绿饲料不足要照常补喂青饲料。天气炎热时，要适时休息和放水，避开中午的烈日照射。放牧前要对鹅群进行检查，如有疫情要及时注射疫苗，勿在疫区放牧。发现病弱鹅要隔离出来，留在舍内饲喂和治疗。放牧途中，要慢慢地驱赶鹅群，以免造成互相拥挤踏伤。让鹅回舍前在水中洗净身上的污泥，在舍外休息喂料，然后赶入舍内，以免弄湿地面，增加舍内湿度。

一般40日龄的鹅即可放河水中散养，这时应选择有河、湖、有水草地带，整天让鹅群在水中自由游泳觅食。鹅群只有喂食和晚上赶上岸。河岸上应搭鹅棚，以避免风雨和鹅群舍外过夜。成鹅最好在不宽的河面上游牧，河深以1.5~2米为宜，每平方米放3~5只为好。河水宜为流动的活水，否则水面与地面易污染。放养一定时间要转移地方。鹅散养时要注意安全。随着鹅长大，放牧鹅群不宜过大，一般每群百只左右，便于1人放牧管理。大群多达500~600只为一群时，最主要的是合理组织鹅群。根据天气决定早出晚归与早放晚宿时间，1天可放牧9个小时左右，让其在较近的田埂、路边、荒坡、闲地采食野草，或将其赶到收割后的稻茬地里，啄食遗落的谷粒等。为了促进鹅的快速生长和换羽，逐步做到以赶放方式全天放牧让其采食，群众放牧鹅群的经验是夏放麦场，秋放稻场，冬放湖塘，春放草塘。除放牧外，中午或傍晚还要适当补喂饲料。补料以糠麸、稻谷为主，加喂适量粉碎的豆饼和玉米等。这个阶段，鹅既长骨头又要长肉，没有足够的磷、钙来供给骨骼的生长，往往出现脚软乏力。因此，在补料中应加入 2.5% 的贝壳粉、2% 的骨粉、0.3% 的食盐以及必需的微量元素。补饲配方（%）；玉米粉 20、鱼粉 4、花生麸 4、米糠 10、糠麸 60、食盐 0.5、骨粉 0.5、生长素及抗生素 1。配合饲料与青饲料以 2∶8 的比例，酿成半干湿状饲料喂给。补饲量视草情和鹅情而定，一般每日每只补饲配合饲料 100~200 克。当鹅的肩部与腿侧也出新羽时，鹅食欲旺盛，增重较快。当其背腹的绒毛开始脱落更换新羽时，则增重速度慢。如饲养时营养不足，会影响换羽，这时应补喂些热能饲料与蛋白质饲料，一般以糠麸为主，掺些粮食、饼类、煮熟的土豆等。补料次数，50~80 日龄每天喂 3~4 次，每次尽量喂饱，并给予足够的水。以后逐渐实行全天放养，一般不需补料。若饲料不足时，改为早晚各喂 1 次。距离放牧地较远或饲养少量的鹅时，为促进长膘，可采用舍饲法。每天喂 5~6 次，每次间隔时间相等。4~5 月龄时青、粗饲料占比例多些，以扩充食道，有利于快速育肥。在中鹅阶段可采用下列饲料配方：玉米面 50%，饼类 5%，糠麸类 10%，贝壳粉和骨粉 5%，食盐 0.5%，其余加青绿饲料。此外还需要加砂砾 1%。40 日龄后随鹅体长大，食盘大小可改为：直径

45~60 厘米, 深 12~20 厘米, 槽边距地面 15~35 厘米。

　　养鹅以放牧为主, 但有些地区没有放牧条件, 鹅放牧受到了一定限制, 可以种草养鹅。搭盖简易栏舍养鹅, 用木竹片或树枝分隔成小栏。天气炎热时, 早晚把鹅群驱赶到田间、河溪旁放牧 8~10 小时, 中午赶入阴凉的栏棚舍内休息。小栏高 50~70 厘米, 每栏约 10 平方米, 每平方米可养 4 只左右中鹅。栏外设置食槽和饮水器。有条件的地区, 可把鹅舍建于鱼塘旁边, 鱼塘四周植树栽草, 炎热天气也可搭架栽植滕本植物遮荫, 供鹅群中午在树荫下休息。有鱼塘的农户可以鱼鹅共养, 鹅粪可作鱼饵料, 鹅嬉游水面增加水中含氧量。每亩水面可养百只左右鹅。

　　中鹅初期机体抗病力还较弱, 又面临舍饲向放牧为主的生活方式改变, 使鹅承受较大的环境应激, 容易诱发一些疾病。因此, 要做好卫生和防疫工作。每天要清洗饲料槽, 饮水盆, 定期更换垫草, 在饲料中添加多维等抗应激药品, 放牧前应注射疫苗, 以防放牧传染疫病, 并对鹅舍及放牧场区清除鹅粪和消毒。由于中鹅还缺乏自卫能力, 鹅棚舍要有防鼠兽设施。

第三节　育肥鹅的饲养管理

　　仔鹅饲养到 70 日龄左右, 当肉鹅的主翼羽长出后, 如不留作种用可转入育肥期。喂给富含碳水化合物的饲料并限制其活动, 养于安静且光线暗淡的舍棚中, 喂饲适量蛋白质饲料, 经过短时间的喂养和精心的管理, 使其脂肪沉积在体内储存，肌肉丰满起来，短时间快速育肥，并改善肉质，增加肥嫩肉、胸肌丰厚，肉味鲜美，屠宰率高。一般育肥期 18～20 天为宜，鹅体重可增重 1 千克左右。主翼羽长齐后达到出售标准，即可出售。

一、选择优质肉鹅品种

选择一种育肥期短、饲养成本低、经济效益高的鹅作为育肥鹅。选用肥育鹅要求选择体型肥大、头大、脚粗，羽毛光滑，精神活泼，两眼有神、善于觅食、叫声洪亮、肛门清洁、健康无病的雏鹅，送至种鹅场或定点育肥场舍肥育。育肥优良雏鹅可选择以狮头鹅、四川白鹅、皖西白鹅、溆浦鹅、莱茵鹅为主的肉体型杂交雏鹅品种，这些鹅生长速度快，75～90 日龄的肉鹅体重达 7.5 千克，成年公、母鹅体重均在 10 千克以上，最重达 15 千克。作为育肥鹅。

二、肉鹅育肥方法

育肥鹅移至育肥鹅舍进行肥育饲养。一般 1 周左右。肥育前应有肥育过渡期或称预备期，由开始育肥鹅对新环境应激，有不安表现、采食减少、逐渐适应育肥生活方式。肉鹅快速育肥方法很多，主要有放牧育肥法、栏饲育肥法、舍饲育肥法、上棚育肥法、填饲育肥法等。

1. 放牧加补饲育肥法

30—80 日龄的鹅可进行放牧饲养。育肥俗称"骟茬子"，根据季节不同，能大量利用青绿饲料。仔鹅在育肥前应将大群仔鹅按体型大小、体质强弱情况分为 2~3 群，在短期内达到鹅群平衡。分群后仔鹅要及时选择放牧育肥。可充分利用当地条件，根据农作物生长季节，可在牧场种草养鹅，使育肥鹅食青绿饲料。或结合利用农作物收割后残留的遗粒进行育肥，如稻茬田、小麦收割后空闲地里牧鹅，可节省精饲料。放牧育肥可以节约饲养成本可提高养殖经济效益，还应有水质清洁的河流，放牧中让鹅采食吃饱后再游水、饮水，每次游 30 分钟，上岸休息 30 分钟，再继续放牧。鹅群归牧前在舍外休息和补饲，每天每只鹅用 100 克配合饲料加切细的青饲料拌均后饲喂。青绿饲料占配合饲料量的 20% 左右。为了减少育肥鹅的活动量，减少鹅体能量消耗，增加觅食时间，促进育肥，可在牧场搭盖临时鹅棚，鹅群放牧到哪里就在哪里就地留宿，这样既可减少来回往返路程，增加觅食时间，提高放牧效果，又可减少能量的消耗。如果白天牧鹅能吃得饱，晚上和夜间不必补饲精料。放牧育肥鹅只能吃青草。为了提高放牧育肥效果。晚上和夜间需要补饲精料，补饲必须用全价配合饲料，补饲的鹅必须饮足水，经 15~20 天牧鹅催肥，即可育肥出栏。

2. 栏饲育肥法

用竹料或木料做围栏棚架，栏高 60~70 厘米。按鹅体大小、强弱分群，将鹅群围栏饲养，减少鹅的运动。每平方米可饲养 4~6 只。饲料要求多样化，精饲料和青绿饲料配合。育肥配合饲料配方：玉米 40%，稻谷 15%，麦麸 19%，米糠 10%，菜籽饼 11%，鱼粉 3.3%，骨粉 1%，食盐 0.3%。最好在 100 千克饲料中加入硫酸锰 19 克，硫酸锌 17 克，硫酸亚铁

12 克，硫酸铜 2 克，碘化钾 0.1 克，氯化钴 0.1 克，混均喂服。饲料要粉碎，并供足饮水。每日将 100~150 克配合饲料与切碎的青料拌匀饲喂，混合饲料与青饲料以 2：8 的比例加水，酿成半干半湿状饲喂。任鹅自由采食，喂量不限，让鹅充分吃饱，饮水。每天饲喂 3~5 次。鹅舍 3 天垫 1 次沙，7 天全舍清扫 1 次，保持鹅体清洁，圈舍干燥，通风良好，光线暗，安静。要求饲养后期 61~70 天，每日用 800 克配合饲料，喂 5~6 次。饲槽和饮水器放在栏外，栏外喂饲、给水，围栏留缝隙让鹅采食饮水。鹅在圈栏饲养中精养，不放牧，限制活动，但隔日可让鹅水浴 1 次，每次 10 分钟，以清洁鹅体。经过 70 天的精心饲养管理，中型鹅体重达 3~5 千克，大型鹅体重可达 5~7 千克。实行全进全出制，彻底清洁消毒圈舍后再育肥下一批肉鹅。

3. 舍饲育肥法

把中鹅赶到光线很暗的育肥鹅舍内精养，一般每平方米可饲养 2~4 只，限制其运动，以减少其能量消耗，但必须合理补饲。圈舍育肥要求饲料营养全面，尤其饲喂富含碳水化合物的饲料，并要适口性好。舍饲育肥采用"高能量低蛋白"的日粮，育肥前期的配方（%）：玉米 35，面粉 26.5，米糠 30，豆类 5，贝壳粉 2，骨粉 1，食盐 0.5，育肥后期的配方（%）：玉米 35，面粉 30，米糠 25，高粱 6.5，贝壳粉 2，骨粉 1，食盐 0.5，将配合饲料加水拌湿，每天饲喂 4 次，夜间还要增喂 1 次夜食，并供足饮水，白天喂饲后放鹅下水洗浴。

4. 上棚育肥法

鹅棚用竹料或木料搭成框架，架底高 60~70 厘米，以便于清粪。为了限制鹅的活动，棚架上用竹木枝条编成栅栏，分别隔成若干个小栏，每小栏以 10 平方米为宜，每平方米养育肥鹅 3~5 只。栅栏竹木条之间距离 3~4 厘米，以鹅头伸出觅食和饮水、鹅粪可通过栅条间隙漏至地板为宜，栅栏外挂有食槽和水槽，鹅在两竹条（木杆）间伸出头来觅食、饮水。喂给饲料配方（%）：玉米 35，小麦 20，米糠 20，豆粕 10，麦麸 10，贝壳粉 4。日喂 3 次，每次喂量以供吃饱为止，最后 1 次在晚间 10 点喂饲，每次喂食后再喂些青饲料。需整天供给清洁饮水。鹅在围栏内活动，每天要清扫栏条或换新垫料，搞好卫生与定期消毒，防止疾病。

5. 填饲育肥法

此法为人工强制育肥法。采用填鸭式肥育方法即在短期强制性地让鹅采食大量富含碳水化合物饲料，促进育肥。俗称"填鹅"。填饲的适宜温度为 10~25℃，温度超过 25℃ 的炎热季节不宜填饲。填饲的饲料含能量要求比平时高。一般是用碎米、山芋干粉、粉碎后的玉米、豆饼粉和糠麸类，按日粮比例混合。填饲育肥的饲料配方（%）：①玉米 50~55，米糠 20~24，豆饼 5~7，麸皮 10~15，鱼粉 3.5~4.5，食盐 0.5，细砂糖 0.3，多种维生素 0.1；②玉米 50，米糠 24，豆饼粉 5，麦麸 15，骨粉 2，鱼粉 3.2，食盐 0.5，细沙 0.3，并补充微量元素，维生素和添加防抗病药物。填饲时第一周内米粒要带点硬，填饲最后 1 周米粒要软点。填喂煮熟料以不烫手为宜。填饲时用水拌匀饲料，搓成直径 1.5 厘米，长 6 厘米的条状物，置于通风处阴干即可填喂于鹅的食道中。

鹅育肥填喂方法有人工填喂法和机器填喂法 2 种。人工填食者两膝夹住鹅身，左手握住鹅头，使头朝上，鹅嘴张开，右手拿饲料条蘸一下水，用食指将饲料慢慢插入鹅食道。每填1条，都用手顺鹅颈轻轻推动，助其吞下。或用喂料管填饲；将鹅按上述法保定后，左手将鹅嘴分开，右手把喂料管慢慢插入鹅食道至膨大部压入，边填边往外退，去除喂料管后将其嘴闭合，并顺手沿颈往下轻轻移动数次。每次填入的饲料应低于咽喉1~2厘米，以免误入气管，开始3天内不宜填喂太饱，每天填喂3~4次，每次3~4条，以后逐渐增喂，每天5次，从早6时到晚10时，平均每4小时填1次。每次填入3~4条，逐渐增至5~6条，以后增加直至填饱为限。大群鹅填饲育肥填料可采用电动螺旋推进器填食机填饲。填料数量视鹅体重和消化能力而定，同时还应定时定量。一般每天早晚各填饲1次，每次填饲不宜太多，每次100~150克。第二周可逐步增加到300~350克。第三周可填饲400~500克。填料多少，要求填到比喉头低两指为止，填食前1小时，食道膨大部位出现凹沟，需要增料；晚于填食前1小时出现凹沟，则需要减料，或推迟填食时间。填食机中无料时，若把空气压进食道，应立即用手顺食道往上抹，将其排除，防止造成伤亡。填饲育肥不要将饲料填入气管，填饲后，要供给充足的饮水和青饲料。填饲3周即可，也有填饲4周的。每个傍晚应放水1次，时间约半小时。将鹅赶到水池内可促进新陈代谢，有利于消化、清洁羽毛，每天清理圈舍1次，使用干净褥草垫栏，7天清除堆积发酵处理1次，换用新的干净褥草垫栏。防止生虱和其他皮肤病。用此种育肥法饲料利用率高，育肥增重较快，育肥期能增重50%~80%，同时鹅肉细嫩味美鹅，肝也特别肥大。

三、育肥鹅的育肥标准

肉仔鹅经育肥 15 天后应逐日检查仔鹅的膘情。可根据经肥育仔鹅的体躯呈方形，羽毛丰满，整齐光亮，颈粗圆形、胸肌丰满，后腹下垂，根据翼下两侧体躯的皮下脂肪沉积情况决定，鹅肥育膘情可分为 3 个等级。

（1）上等肥度鹅。皮下摸到较大结实，富有弹性脂肪块，遍体皮下脂肪增厚，胸肌饱满突出，胸骨脊羽根透明状，用手触摸轻压鹅的臀、尾部感到丰满结实而富有弹性的膘情，上等肥度鹅应及时出售。因为 10 周龄之后的饲料利用率下降，增重速度缓慢，中小型鹅养到 70~90 日龄，活重 2.5~3.5 千克；优良杂交商品鹅 65~80 日龄，活重 3~4 千克，就应适时出栏上市。卖活鹅效益较低，可延长饲养期，到冬季出栏，羽绒质量好，实行人工活体拔羽绒，可提高鹅体综合利用率，提高养鹅经济效益。

（2）中等肥度鹅，皮下摸到板栗大小的稀松小团块。

（3）下等肥度鹅。皮下脂肪增厚，皮肤可以滑动。当育肥鹅达到上等肥度时，即可上市出售。

第四节　种鹅的饲养管理

选养种鹅是为了产蛋，供孵化育雏。所以种鹅的好坏直接影响到种蛋的受精率和雏鹅成活率。在 70~80 日龄前后选留作种用的后备种鹅，仍处在生长发育和换羽时期。由于后备种鹅后期以放牧饲养为主，鹅体质较差，因此，只有根据鹅的生理特点和种用阶段进行科学饲养种鹅，严格把好选择后备鹅和种鹅关，才能培养出优良鹅种，提高产蛋量和育雏的成活率。获得较高的种用价值。这是进一步扩大养鹅生产的关键。

■ 一、后备种鹅的饲养管理

选留种鹅的时间应根据长江中下游地区的气候、环境条件和养鹅经验，每年于5—6月从仔鹅中挑选"清明"前3批孵化（即3月上、中旬孵出）的鹅作种用。"清明"后孵出的母鹅一般开产迟，停产早，体型也小。由于公鹅性成熟比母鹅早，故挑选公鹅时间较挑选母鹅的时间迟。按选留标准选择的后备种鹅，在生理上处在生长发育期与换羽期，日粮配合应按换羽快慢和健康状况而定，不宜过早进行粗放饲养、喂粗饲料。在种鹅饲养90~120日龄后，后备期种鹅对青粗饲料有很强的消化能力，才由精饲料逐步转入到粗饲料。喂粗饲料的目的是控制母鹅的性成熟，使母鹅的开产时间一致，以利生产性能的发挥，又可使鹅骨髓和消化机能发育完全。在粗饲料阶段主要是加强放牧，由日喂3次改为日喂2次。一般在9月挑选"清明"节后5~6批孵出的公鹅留种。选留种鹅后正直夏秋季节，这时青草还比较多，不必多喂饲料，每昼夜可采食1千克青草。可以轮流在各种麦、稻茬田中放牧，以捡食遗粮颗粒。种公鹅多放少关，还可加强运动，防止过肥，以保持公鹅体质强健。公鹅群体不要过大，以小群饲养为主。一般每群15~20只。如公鹅群体过大，会引起相互爬跨、殴斗，影响公鹅的性欲。种公鹅配种期除喂给青饲料外，还应多喂精料，特别是配种期需要多喂精料，可有效地提高精液品质，以提高种蛋的受精率。母鹅在产蛋期，醒抱期及换羽期都应补喂精料。在休产期要限制精料用量，以免鹅体过肥。冬季天气寒冷，需消耗大量热能来提高体温，故影响产蛋。因此，在冬季休产期间应给使鹅增加优质的精料加混合干草、花生秧，以及青草、秕壳等。喂料要做到定时定料不定量，先喂粗后喂精。早上放牧到9~10时回舍喂料，日喂3顿。冬季喂料时要喂给足够的饮水并要加温。炎热的初秋季节要注意防暑降温。入冬后，移到湖塘采食草籽、水草、野菜等饲料。根据饲料的品质、采食量和环境温度等，准备适当补给谷实饲料。在开始孵化前1个月左右加喂精料，促使迅速开产。饲养方式在农村多为牧饲，而郊区已转为半舍饲。当年留种的新鹅早期要喂饱，使种鹅有足够的营养物质供生长发育需要。公鹅喜欢逐斗，在管理中应注意编群，编群要在繁殖季节之前完成，以免临时编群造成骚乱，影响鹅群种蛋的受精率。

二、种鹅产蛋前期的饲养管理

产蛋期的饲养管理为9月至翌年5月。"冬至"节后光照时间渐长，这时母鹅采食量增加，俗称"小变"，仍以青草、菜叶、糠麸、草粉、秕壳、藤叶、红薯等为主，配合喂饲。

本期鹅群大量更换新羽，并适当增加体重，需要为产蛋积累营养物质。因此，在饲养上要根据产蛋鹅换羽和气温变化情况，适时补充精料（增加谷类精料的比例）。主要日粮以稻谷为主的配合饲料，配合饲料配方%：玉米60、糠麸20、豆饼或花生饼15、贝壳粉1、骨粉1、磷酸氢钙1.5、添加剂1、食盐0.2、蛋氨酸0.3。配合饲料日粮量100~150克，以满足母鹅在产蛋期对消耗大量蛋白质、矿物质、维生素和大量热能的需要，可提高种蛋质量，也有利于孵化。如果只靠白天采食，远远不能满足其产蛋需要。为此，除了延长白天的放牧时间外，晚上还应加喂1次或任其自由采食，以保证母鹅适时产蛋，多产蛋。

对膘情不好的母鹅，特别应在夜间加喂饲草，补给精料。夜间补喂不仅可以促使母鹅适时多产蛋，而且可以防止母鹅因饥饿而引起的骚乱，影响休息，导致产蛋量下降。夜间补饲宜在8—10时进行，可喂给的精饲料有秕谷、米糠、玉米等优质青绿饲料。喂谷类饲料时，应注意控制采食量，以喂8~9成饱为宜，过饱会增加胃肠负担，引起消化不良，食欲减退，反而影响产蛋量。1只鹅1天能采食约2千克的青饲料。精料喂量是否合适可以从鹅的粪便来确定，如鹅粪粗大、松散，轻拨能分成几段，表明精料比例合适；如鹅粪细小硬实，则是精料多、青绿饲料少，应增加青绿饲料，在牧地小、草料丰盛处，应赶鹅群去充分采食。此外，母鹅在整个预产期，要在鹅舍出入的路旁和运动场散放些砂砾、贝壳等让鹅采食，还要保证鹅有充足的饮水，促使生殖机能早日发育成熟。临产母鹅全身羽毛紧凑，有光泽、鲜艳，颈羽光滑，这时母鹅尾羽平伸，肛门平整呈菊花状。产蛋鹅后腹下宽大而下坠饱满、松软而有弹性，耻骨开张，间距宽，达到四指左右宽度，俗称"四指膛"，并有衔草做窝现象。喜欢吃矿物质饲料，如贝壳、田螺壳、石灰石等。到母鹅体重增加、换出新羽，羽毛十分光滑时，说明已经开产。这时应以舍饲为主，放牧为辅，日粮配合以谷类与粗糠为2：1的比例为宜。中期能维持鹅体最低代谢水平，即每只日喂料0.125千克，饲养上应不让母鹅过肥，防止卵巢和输卵管周围沉积大量脂肪，使体内分泌机能失调，影响卵细胞的生成和运行，从而降低产蛋量，甚至停产。因此，要适当减少精饲料用量或停喂饲精料，以免鹅体过肥。圈养的母鹅应适当增加运动或放牧。但对于过瘦母鹅群，要加料促蛋，使鹅群全部进入产蛋期。公鹅应较母鹅提前加精料，日粮中尽可能多一些富含蛋白质的饲料，使公鹅在配种季节有充沛的精力进行配种。

三、产蛋期母鹅的饲养管理

母鹅经过产蛋前期的饲养方式采用放牧加补饲或半舍饲满足产蛋母鹅营养需要。换羽完毕，体重逐渐恢复，陆续转入产蛋期。可提高母鹅的产蛋率。在1年中种鹅的产蛋期有8—9个月，一般集中在3—6月，逾期3—4个月为休产期。临开产前，仍应充分放牧，放牧时宜早出晚归。临产前母鹅腹部饱满、松软且有弹性，食量加大，并有经常点水寻求公鹅配种的表现。母鹅多在早晨产蛋，为了让母鹅在舍内产蛋，早上放牧时间不宜过早，待产蛋基本结束后开始放牧。母鹅在开产后，每天上午放牧 2 次，下午 1 次，每次 1—2 小时，使母鹅有充分的活动时间。母鹅有回窝产蛋的习惯，放牧应选择在鹅舍附近进行。若看到母鹅不吃草，伸颈，鸣叫是"恋巢"表现，要将其赶回舍内。经几次引导后，母鹅就会自动回窝产蛋。如观察发现个别母鹅伸长头颈，鸣叫不安，腹部饱满，泄殖腔膨大，不肯离舍，则为即将产蛋。对即将产蛋、有恋巢表现的母鹅，要及时赶回窝里产蛋；对出牧半途返回的高产母鹅也应任其自便。有时公鹅也会随母鹅回窝守在窝边，对回窝鹅应在棚内补饲。母鹅在产蛋期以舍饲为主，精料夏季以玉米、小麦、糠麸为主，每只每天分 3 次共喂 100 克左右，另外在日粮中逐步增加精料和青饲料的喂量，青饲料 300~500 克，秋季只喂给维持饲料，每只每天多喂米糠、麦麸 90 克。冬季到次年初夏喂催蛋料，以稻谷、玉米、小麦等精料为主，糠麸类饲料逐渐减少；注意适时补充矿物质，如贝壳粉、蛋壳粉 1 千克等。产蛋期母鹅的日粮搭配是：如在每 100 千克料中加食盐 300 克等，使母鹅初冬产蛋，正赶上家禽种蛋孵化的最佳季节。配方（%）玉米面 57，豆饼 20，麦麸或干草粉 20，鱼粉 3，另外贝壳粉或蛋壳粉 5，食盐 0.3%~0.4%。或配方用玉米 52%、优质干草粉 19%、豆饼 10%、食盐 0.5%。在产蛋高峰期，饲料中添加 0.1 的蛋氨酸，将配合饲料混合成半干湿状饲喂，日喂精料不少于 150 克，日喂 2~3 次。可提高种鹅的产蛋率。当母鹅的产蛋量下降较大时，应采取"先精料、后青料、再休息"的办法，让母鹅吃饱吃好，夜间加喂 1 次，同时还要供给充足饮水。为了提高母鹅的性欲和种蛋的受精率，应增加公母鹅水中的活动机会，定时放水，并使配种种鹅的公母比例达 1∶4~6。一般中型品种鹅配比应低些，小型鹅种可高些，冬季配比应低些，春季可高些。种鹅进入产蛋旺期后，食欲旺盛，采食量大增，仍要以放牧青草为主，必须补喂精料量，一般补喂到 7 成饱，结合放饲青草。如见鹅粪细小、结实，脚踢不散，表明草、料搭配适当。

随着产蛋时间的增加，鹅体质下降，就要逐步增加喂料量，饲养仔鹅夏季以玉米、小麦、糠麸为主，每只每天分 3 次，共喂 100 克左右，另补给 300~500 克青绿饲料。到产蛋后期，加喂的饲料用量可达到其总饲料量的 7~8 成（其他 2~3 成喂料量自然饲料），用料把蛋"撑"住，不使产蛋量下降。每只每天最多喂米糠、麦麸 90 克。冬季到翌年初夏喂催蛋配合饲料，用玉米 33%、麸皮 25%、豆饼 11%、稻糠 24%、鱼粉 3%、骨粉 1%、贝壳粉 2%、食盐 0.3%、维生素和微量元素 0.7%。每天 3~4 次，定时不定量，自由采食，吃饱喝足；以稻谷、玉米、小麦等精料为主，糠麸类逐渐减少；并在每 1 千克饲料中，加食盐 3 克、骨粉 1 克，使母鹅初冬见蛋，春节前产蛋，正好赶上孵化最佳季节。产蛋种鹅除喂青绿饲料，每天补饲精料 250 克，并供给充足饮水，还加强管理母鹅产蛋期适宜温度为 8~25℃，适宜光照时间为 16 小时左右。可应用人工光照法（光照强度每平方米 5 瓦，距离地面高 2 米），可延长种鹅光照时间，加速卵的成熟，促进排卵及性欲提高。每天加自然光照，保证 12~15 个小时为宜，超过 16 小时反而减产，影响产蛋量。舍饲每平方米 1.3~1.6 只，放牧每平方米 2 只。

鹅舍要经常打扫，保持环境卫生，环境要安静，鹅舍要透光、通风，保持适宜的饲养密度。鹅舍要干燥、防热、防潮，运动场应有树荫或搭盖荫棚，还要保持充足饮水。冬季要采取堵窗、加厚垫草等防寒保暖措施。

母鹅在开产后，每天上午放牧2次，下午1次，每次1—2小时，使母鹅有充分的活动时间。母鹅有回窝产蛋的习惯，应在放牧鹅舍附近进行。若看到母鹅不吃草、伸颈、鸣叫，是"恋巢"表现，要将其赶回舍内，经几次引导后，母鹅就会自动回窝产蛋。母鹅在产蛋期要勤拣蛋，注意种蛋的保存，并注意产蛋鹅舍的安静。母鹅产蛋时间多在下半夜至上午7—8时，个别母鹅在下午产蛋，因此，种鹅应在产蛋基本结束后进行，这样种鹅放牧可防止产窝外蛋，减少种蛋损失。由于产蛋期间鹅行动迟缓，严禁剧烈驱赶或追逐，防止造成母鹅的伤残。种母鹅产蛋至5月底或6月初便逐渐停产，对就巢母鹅应及时催醒、隔离，关在光线充足、通风凉爽处，只给饮水不给饲料，2~3天后喂一些干草粉、糠麸等粗饲料和少量精料，并使用市场上出售的醒抱灵等药物，可以使就巢鹅缩短就巢后的回复时间，促进卵子成熟，从而提高产蛋量。鹅成熟较晚，优良种鹅可利用3~4年，种鹅第一年产蛋少，第二、第三年产蛋多、蛋重大，直到3年之后产蛋量才下降。养种鹅卖种蛋，搞孵化，卖雏鹅，产值也较高。母鹅一般留用4~5年，每年产蛋结束后进入停产期，要注意淘汰残、劣的种鹅，选留高产鹅。

四、停产期鹅的饲养管理

当种鹅经过每年产蛋期受到各地区气候影响便进入持续时间较长的休产期。(持续 4~6 个月)。

母鹅每年产蛋至 4—5 月时,羽毛干枯,产蛋量减少,出现贫血现象,种鹅进入持续时间较长的停产期(持续 4—6 个月)。由于种鹅停产有迟早,自然换羽时间也有迟早,如不调整好,将会影响下一个产蛋周期和配种。为了缩短停产时间,在停产期公、母鹅应分群饲养。使鹅群能尽快恢复产蛋,可实行人工强制换羽,促使下一个产蛋期的到来。人工强制换羽毛的方法分为制羽期和拔羽期两个阶段。

1. 制羽期

母鹅在此期间的日粮由精饲料转入以放牧为主的粗饲料,停供精饲料 2—3 天,只供给充足饮水,第四天开始喂给青绿饲料,每天喂给糠麸 110~120 克,每日 2 次,连喂 5 天左右。目的是降低营养水平,促使母鹅体内脂肪的消耗,导致羽毛干枯,脱换一次。此期日粮喂粗饲料,次数逐渐减少到每天 1 次或隔天 1 次,然后改为 3—4 天喂饲 1 次,每天应保证有充足的饮水,促使鹅体自行换羽,同时也能控制母鹅过肥影响其产蛋率。经过 12~13 天,鹅体重减轻,主翼羽和主尾羽出现干枯现象时,可恢复喂料。公鹅比母鹅自然换羽要早 20—30 天,因此制羽期也要相应提前,要使公鹅在母鹅产蛋前羽毛全部换齐,鹅体肥壮,精力旺盛,以供配种。

2. 拔羽期

为了缩短换羽时间换羽后产蛋比较整齐,待停产种鹅放养 1 个月，鹅体逐渐恢复，以后通过改变种鹅的饲养管理条件，加速换羽过程即可进行人工拔羽，可提前恢复开产，提高年产蛋量。就是将鹅的主翼羽、副主翼羽和主尾羽进行人工拔除，借以促进鹅体羽毛的更换。停产期强制换羽，母鹅每年产蛋至初夏后，产蛋量开始减少，大部分母鹅羽毛干枯，从而进入停产期。此时应将日粮由精料改为粗料，并转入以放牧为主的饲养管理，降低营养水分，促使母鹅消耗体内的脂肪，使羽毛进一步干枯，容易脱落。该期内喂料次数应逐渐变少至每天 1 次，隔天 1 次到 3～4 天 1 次，但不能停水，经 13～15 天鹅体消瘦、体重减轻，主翼羽和主尾羽出现干枯现象时，试拔呈脱松状态、不带肉屑，即可进行人工拔羽，比自然拔羽缩短换羽时间，从而使母鹅提早恢复产蛋，生产实践证明，母鹅经过强制换羽可比自然换羽提前 20～30 天产蛋，而且换羽后产蛋较整齐，种蛋质量好。人工拔羽应选择温暖晴天，在鹅空腹时进行，切忌寒冷、雨天拔羽。拔羽时，用 1 只手紧握鹅的两翅，另一只手把翅膀张开，顺着羽毛生长方向，将主、副翼羽拔掉，后拔主尾羽。公鹅比母鹅提前 20～30 天拔羽。拔羽后应加强管理，公母鹅要分群饲养管理，当天鹅群应防雨淋湿，放在圈内饲养。喂给精饲料和饮水和休息，禁止鹅群下水，以防止细菌感染而使毛孔发炎。拔羽后一段时间内其抵抗力较差，应避免风吹暴晒和雨淋，同时加强护理。鹅拔羽后 5～7 天后恢复放牧，增喂精料，每天喂给青饲料，慢慢增喂精料如喂谷实料和豆科饲料 2 次，有条件的增加蛋氨酸和胱氨酸。在主副翼换羽结束后，要进入产蛋前期的饲养管理，以便尽快恢复产蛋的体况，进入下一轮配种、产蛋。如果种鹅的羽毛生长较慢，这时应适当增加精料，促使羽毛生长，使公、母鹅翼羽生长较为一致。以便尽快恢复产蛋的体况体态。在接近配种前 20~30 天，要加强对种公鹅的饲养管理，增加公鹅的精料，使其体质更加健壮，提高种公鹅的繁殖力。母鹅一旦进入准备产蛋期，应将公、母鹅混群饲养。

第五节　冬鹅的饲养管理

冬鹅是指 1 月左右开孵，12 月左右出雏的鹅苗。因冬季饲养周期短，增重快，经 2 个多月饲养育肥，每只鹅体重可达 4~6 千克，且此时又正直春节上市，时间短，见效快，经济效益很可观。要快速育肥冬鹅，对冬鹅的育种、育雏和在鹅生长发育各个阶段应采取针对性措施。

一、冬鹅的选种

饲养冬鹅应选择体格健壮，体型大，体较重，各部位发育均匀，收腹良好，肥度适中，头大脸宽，两眼灵活有神，口鼻、肛门干净，精神活泼的鹅苗。室温在 15℃ 以上时，1~5 日龄的鹅苗白天可放在垫有软草的围栏内饲养，晚上放回框内。5 日龄后，可昼夜放在栏内，如温度过高或过低时，注意及时增加垫草及覆盖物。饲养初期温度宜高。

■ 二、雏鹅阶段的饲养管理

刚出壳的冬鹅苗，由于绒毛稀薄，自身体温调节能力差，抗寒力低，可放入垫有柔软干草的筐、篓或纸箱内，加盖旧衣物或被单，留1个小孔通气，利用鹅苗自身发出的热量保温。1~5日龄，白天可放在垫有软草的围栏中饲养，晚上再捉入筐或篓内。5日龄后，除放牧外，可昼夜放在围栏中饲养，要有一半时间在屋外。如发现鹅苗聚集一角挤堆，叫声低而长，表示温度过低；如张口呼吸，饮水增加，叫声高而短，则表示温度过高，都应及时增减垫草和调整鹅苗数量，以调节温度，同时筐内、栏内要保持干燥，避免温度增大，引起鹅苗发病。

出壳后1天的鹅苗，喂0.05%的高锰酸钾水（每100毫升加维生素 C 5 毫克、维生素 B_1 6 毫克、葡萄糖 5 克、红糖 3 克），有利于清理肠胃，排除胎粪，供给营养，每日供水 5~7次。先饮水后开食，喂切碎的青菜叶和配合饲料，将鹅苗放入手中诱食，如多数争食即可开食。先用盆盛水，逐只将鹅苗头压下，调教饮水，再将菜叶分次均匀撒到干净草席或塑料布上，让其采食。每隔 2 小时喂 1 次。喂后放回框内，以后每隔 2 小时喂 1 次。经 1~2 天后，能吃到 7 成饱，再撒喂适量用水浸泡过的米饭或碎米。从第 3 天起改用料槽喂，初开食雏鹅消化能力弱，喂食大米饭，要做到"生而不硬，熟而不黏，呈颗粒状，一撒就开"。用温沸水洗净米饭黏性，每天喂 6~8 次，晚上加喂一次，喂六七成饱。雏鹅一开食就要喂鲜嫩青绿饲料，让它自由啄食，日不断青，促进消化，增加营养。10 天左右可赶出舍外让鹅采食嫩草叶，时间不超过 30 分钟，以后逐渐延长放牧时间，放牧时注意避免雨淋和暴晒。21~30 日龄可适当增喂煮裂口的谷粒，并逐渐改喂湿谷。冬鹅 30 日龄后是长骨骼、长肌肉、长羽毛阶段，在饲养上要以放牧为主，并延长放牧时间和适当补充精谷糠等。放牧要选择草质好、数量多的地方，每天还要补充糠麸、稻谷、玉米等，尤其在冬鹅背部、腹部的绒毛换新羽时，更要注意补料，并延长放牧时间，让其充分运动，提高生命力。为预防软脚病，饲料中添加 2%~3% 的骨粉、贝壳粉和 0.3%~0.5% 的食盐。每次喂料量以吃 9 成饱为宜。同时尽量让鹅苗饮水。每天补喂 3~5 次，以促进生长。

幼鹅舍要保持干燥、保持室温稳定、供给充足、清洁的饮水，料槽及用具避免污染荤腥、油腻。因为雏鹅的消化机能尚不健全，容易引起雏鹅死亡。在管理上，主要是放牧赶群时要慢，以免互相拥挤践踏，放牧时要防寒防暑，不可使雏鹅淋雨。进舍前最好让冬鹅在水中运动一会儿，洗净身上污泥，在舍外休息补料后再进入舍内。有条件的地方对雏鹅进行预防注射，1 周龄雏鹅，用 1∶100 倍小鹅瘟疫苗注射 0.5 毫升；也可再注射 1 次禽出败疫苗，预防禽出败。

三、中鹅阶段的饲养管理

冬幼鹅饲养至 30 日龄后至主翼羽长出前，进入种鹅阶段。这时可全天放牧，但要适当补充精料，让鹅充分运动。

出牧和归牧要固定地点，避免到农药污染和疫病流行区域放牧。放牧要选择草质好，数量多的牧地。保证鹅每天能吃到足量的鲜嫩青饲料，每天还要补喂糠麸、稻谷、玉米等高能量、低蛋白的精料日粮。日粮配方（%）：玉米 20，鱼粉 4，花生麸 4，米糠 10，米糠 60，生长素及抗生素 1、贝壳粉 1，混合料与青绿饲料以 2∶8 的比例酿成半干半湿状饲料饲喂。饲料槽与饮水器整天要有料有水，任鹅自由取食饮水。尤其是在背部、腹部的绒毛开始脱落换新羽时更要补喂精料，以防换羽不一。一般每天应喂 2~3 次。在管理上主要是放牧时要慢慢赶，不可聚集成堆，以免相互拥挤践踏。放牧时不可淋雨，进栏前最好在水里运动一段时间，洗净身上污泥，然后上岸休息与补料。晾干后赶入圈舍，晚上适当补喂 1 次精料，雏鹅进入中鹅时期，是长肌肉、长骨骼阶段，这时俗称"半翅鹅"，即可进行育肥。

四、育肥鹅阶段的饲养管理

冬鹅主要翼羽长出后要进行快速育肥。冬鹅育肥，圈养育肥和人工强制育肥两种方法进行育肥。肥肝应选择大型肉用鹅品种采用我国的狮头鹅和法国的郎德鹅等都是肥肝填饲的较好品种。

1. 圈养育肥法

用竹子或木杆围城小圈养育鹅。具体饲养管理方法是：选择光线较暗、环境安静、避风保暖、干燥清洁的房屋作圈舍，用竹片或杆搭建栅栏，间距 3~3.5 厘米，便于排除鹅粪。

栏高以鹅站立但不能昂，栅栏底部（即鹅床）离地面 40～50厘米，用竹片或杆头为宜，一般为 60～70 厘米，竹片或杆间距离 7～8 厘米，以能让鹅伸出头采食、饮水为准。料槽、水槽悬挂在栏外，使鹅自由采食、饮水。饲料要多样化，以富含碳水化合物且易于消化的玉米、稻谷、大小麦、糠麸等为主，适当搭配蛋白质饲料和粗饲料。其配方为：玉米 40、稻谷 15、麦麸 18、米糠 10、菜粕饼 11、鱼粉 3.7、骨粉 1、食盐 0.3。饲料要粉碎，加水拌成湿润状饲喂，日喂 4～5 次，晚上喂 1 次，喂量不限，让鹅充分吃饱，并供足饮水。每天要清扫圈舍，清洗料槽、水槽，隔天下水 20 分钟左右，以清洁鹅体。

2. 填饲育肥法

填鹅是短时间内人工强制性地让鹅采食大量富含碳水化合物的饲料，促进鹅育肥的方法。填鹅饲育肥应选择颈粗而短的鹅、便于操作，不易使食道伤残，填鹅的体躯要长，腹部大而深，使肝脏增长有足够空间。还要求 80 日龄左右的青年鹅填饲。填鹅的饲料含能量要求比平时高，饲料配方（%）：玉米 50、米糠 24、豆饼粉 5、麦麸 15、骨粉 2、鱼粉 3.2、食盐 0.5、细沙 0.3；或用油豆粕 7、玉米 40、高粱 15、麦麸 10、小麦 23.5、贝壳粉 4、食盐 0.5。将饲料加水拌匀，搓捏成粗 1～1.5 厘米，长为 5～6 厘米的条状饲料，放通风处阴干，填饲前对填饲育肥鹅进行保定，用填饲机（目前采用电动填肥器）进行填喂，方法是填喂者坐在填肥器的座凳上，右手抓住鹅头部，用拇指和食指紧压鹅的喙角，打开其口腔，左手用食指压住舌根并向外拉，同时将口腔套进填肥器的填料管中后，徐徐向上拉，直至将填料管插入食道深入膨大部后脚踩开关，电动机带动螺旋推动器，把饲料送入食道中后、左手在颈下部不断向下推向食道基部。待填到食道 4/5 处停止电动机转动，拉出填料管，填饲结束。或用人工填喂入鹅的食道。填料者左手捉住鹅头，张开鹅嘴，两膝夹住鹅身，右手拿饲料条蘸一下水，用食指将饲料塞入食道，并用手轻推动使其吞下。每天填喂 3~4 次，晚间喂 1 次，每次每只填 3~4 条，以后逐渐增加到 5~6 条。8 天以后每次用 6~8 条，填料数量视鹅体重和消化能力而定。填食前 1 小时，食道膨大部位出现凹沟，为消化正常；早于填食前 1 个小时出现凹沟，需要增料；晚于填食前 1 小时出现凹沟，则需要减料，或推迟填料时间。谨防将饲料填入气管中，填饲后要供足清洁饮水和青绿饲料。每天傍晚前放牧 1 次，可促进鹅的新陈代谢，有利于消化。

育肥的鹅，翼下两侧躯体皮下脂肪增厚，皮肤滑动为下等肥度；有板栗大小的稀松团块为中等肥度；用手轻压感到丰满结实而富有弹性，为上等肥度。达到上等肥度，躯体皮下脂肪肥厚，尾椎和胸部丰满，翼羽根呈透明状即可出售。鹅出售后要用2%福尔马林或石灰水消毒鹅舍。

第六节　种公鹅的饲养管理

种公鹅的营养水平和鹅体健康及配种状况，对提高种鹅繁殖力有着重要作用。因此，应加强对种公鹅的饲养管理，可以提高种蛋受精率。

在鹅群繁殖期，公鹅由于多次与母鹅交配排出大量精液，体力消耗很大，体重下降，从而影响受精率和孵化率。为了保持公鹅有良好的配种体质，在种鹅配前 15~20 天开始逐步增喂精料喂量。除和母鹅群一起采食外，还应对种公鹅进行补饲。补饲含有动物性蛋白的配合饲料，持续到母鹅配种结束，这样有利于提高公鹅的精液品质，对人工授精的种公鹅的日粮标准配合饲料配方（%）：玉米 40、豆饼 12、米糠麸皮 25，菜籽饼 5、骨粉 1、贝壳粉 7 的比例配成，同时喂青绿多汁饲料，可提高种蛋受精率和孵化率。每只公鹅平均每天补喂配合饲料 300~330 克，为了保证留种公鹅的精液质量，要定期检查种公鹅生殖器官和精液质量状况，从而提高种蛋受精率。采用人工授精 1 只公鹅采精量可供 12 只以上母鹅输精。一般情况，公鹅 1~3 天采精 1 次，母鹅每 5~6 天输精 1 次。公鹅利用年限不宜超过 3 年，母鹅前 3 年产蛋量最高，以后开始下降。所以在生产实践中要及时淘汰老的公母种鹅，补充新的种鹅群。选留种公鹅，要挑选体质健壮、发育正常、繁殖性状突出，性器官发达、精液品质好而又符合本品种特性的个体，定期检查种公鹅的精液质量，保证种公鹅精液的品质，可提高种蛋授精率。一般大型鹅种公母配比为 1：4~1：3，中型鹅种 1：5~1：4，小型鹅种 1：7~1：6。繁殖配种群不宜过大，一般以 50~150 只为宜。在生产中，为了提高种鹅繁殖力，种鹅年限不宜超过 3 年，淘汰过老的种鹅，补充新的种鹅群。

第七章 生态养鹅

第一节 种草养鹅

鹅是以食草类为主的水禽，鹅体消化道很长，是它体长10倍且肌胃压力比鸭大0.5倍，比鸡大1倍，盲肠相当发达，对青草粗纤维消化率可达40%~50%。青绿饲料中含有各种营养物质，营养成分比较全，维生素丰富，又容易消化，鹅对青草中粗蛋白粗纤维的吸收率与羊相近，鹅具有摄食青草消化利用的优势。仔鹅7~21日龄对青饲料需要量由占日粮10%逐渐增至90%，28日龄可达到100%。1羽鹅需草量45千克左右，发展养鹅需要利用天然饲草资源，或空闲地种植一些优质牧草供鹅饲用，鹅可以从青草中吸收营养，配给少量精料，提供全面营养，既符合鹅的生活习性和营养需要，又能降低生产成本，提高养殖经济效益。农户少量养鹅可采用野生杂草和适当补饲的方法；规模发展养鹅可利用养鹅场的运动场及其周边种鹅喜食的牧草，能够有效提高土地资源的利用率。可供鹅采食的牧草种类很多，主要有黑麦草、燕麦、苦荬菜、白三叶草、红三叶草，紫花苜蓿、菊苣、籽粒苋等茎秆鲜嫩、营养丰富、高产优质的牧草。冬闲田及场前场后零星土地还可种植鲁梅克斯、串叶松香草等牧草。冬季养鹅应在春早播种越年生牧草，如禾本科的黑麦草，冬牧70、豆科、紫云英、紫花苜蓿等优质牧草。由于苜蓿中皂素含量高，不宜单纯作为饲料喂鹅。

牧草种植后应加强管理，栽培根系发达的豆科牧草对温度要求是一般2~4℃种子开始萌发，出苗后要求水分较多，光照充足。由于豆科植物根系常与根瘤菌共生，能固定大气中的氮素营养，对氮肥的需要量少，而对钾、磷、钙等肥料需要较多。豆科植物与禾本科牧草合理组合建成的混播牧草可提供高产和营养全面的牧草，还可防止单一豆科植物牧草引起的鹅膨胀病。牧草每年可以刈割2~3次或放牧利用3~4次。刈割利用以初花期为好，个别豆科牧草含有生物碱或其他有毒物质，不宜让鹅采食过多，以防中毒。

禾本科牧草的特点是茎秆上部柔软，基部粗硬。大多数茎秆呈空心状态，上下较均匀，整株均可饲用。抽穗期和开花初期收割产量高，其营养含量丰富，适于调制青干草，禾草干物质中含粗蛋白质10.4%、粗脂肪2.9%、无氮浸出物47.8%、粗纤维31.2%、粗灰分7.7%，是重要的碳水化合物（即能量）饲料。但开花结实后，茎秆变的粗硬、光滑，此时牧草产量和所含的营养成分已经下降很多，饲用价值显著降低，适于调制干草，也可用于制作青贮饲料。

稻田套种黑麦草，宜在水稻收获前15天左右进行。一般在10月上中旬，将牧草种子与细沙土拌均后撒播。黑麦草套播2—3天，每亩施高效复合肥30千克作基肥。水稻收获时留茬高度应低于 5 厘米，以防影响鲜草的刈割。第二年 2 月上旬，每亩施尿素 10 千克作返青肥。每次刈割黑麦草后，每亩追施尿素 5~10 千克。3 月上中旬开始刈割。以后每隔 20~30 天，黑麦草高 50~80 厘米时刈割 1 次。鹅小的时候割嫩草，间隔期短些；鹅大的时候割老叶，间隔期长些。

稻田套种黑麦草的鲜草产量一般为每亩 5 000~7 000 千克，可养鹅 150 只左右。稻田套种黑麦草，一般 3 月上中旬开始供草，4 月中下旬牧草生长量最大。因此，可在 3 月初大批购进苗鹅。为充分利用牧草资源和养鹅设施，可于 2 月上旬按每亩地 50 只比例购进第一批苗鹅，前 30 天在室内保温饲养，饲料以黑麦草为主。当第一批苗鹅转到室外饲养时，按每亩地 100 只左右的比例购进第二批鹅，第一批鹅食草量达到高峰，第二批鹅的食草量也逐步加大，供草高峰同需草高峰相吻合。4 月底，第二批鹅食草量达到高峰，但第一批已出售，此时黑麦草生长速度开始减缓，但仍能满足养鹅的需要。5 月中下旬黑麦草生长量降低，供草能力下降，第二批鹅上市。还要搭配种植一定面积的叶菜类蔬菜（小青菜、油菜苗等），合理搭配以供苗鹅早期食用。养鹅由于牧草生长慢，应补充青贮料。也可将牧草未结籽实前刈割，晒干后粉碎成草粉，基本能保持其营养价值又便于贮藏，草粉拌精料喂鹅。草粉在鹅日粮中添加量为 15%~30%。规模养鹅可种草养鹅，有利于鹅的放牧，养鹅草场要求地面平坦，种草养鹅比传统饲养方式养鹅，在同样饲养水平下可缩短饲养期 7~10 天，并能节省大量饲料，所以种草规模化养鹅是一种节粮增效的模式。秋季养鹅，除利用多年生牧草外，还可以用南瓜、水稻收后的遗谷、甘薯等作饲料。鲜牧草常年供应，种植牧草可采取混播、套作和轮作等模式。

叶菜类牧草一般叶大而宽，牧草鲜嫩，但主根较粗，能刈割多次，产量高，但不耐贮藏。播种前土地要精耕细耙，施足基肥。播种时浸种催芽，因为牧草对地力消耗较大，要注意适时追肥。待牧草成熟后，以间苗和刈割相结合的方式采收。

此外，利用果园或林下草地养鹅，可以充分利用林下的草地牧草资源，采用果（林）鹅综合生产模式，能够在不影响主业生产的前提下获得额外的经济效益。

第二节　鱼塘养鹅

鹅是吃草水禽，鹅每天有 1/4~1/3 的时间在水中生活，在水中觅食、嬉戏和交配。由于鹅不吃水中的鱼虾，有鱼塘的农户可利用鱼塘水面放养鹅群。鱼鹅混养可以充分利用水域，鹅粪喂鱼，鱼鹅互利。种间相互协调互补，形成良性循环，促进水生鱼和鹅向着高产、优质、高效持续发展，从而获得生态效益和经济效益。

鹅舍建于鱼塘旁边，放牧养鹅可以搭制简易栏舍，用木、竹片或树枝分隔成小栏，小栏高 50~70 厘米，每栏约 10 平方米，每平方米可容纳 4 只鹅左右。栏外设置食槽和饮水器，早晚把鹅群赶到鱼塘放牧，上下午入栏舍饲养，可以加速育肥。以鱼、鹅共养方式，每亩水面可养鹅百只左右。鹅群放游鱼塘水中，能增加鱼塘水体中溶解氧含量，改善水体环境，有利于鱼群生长。鹅粪是含有丰富氮、磷、钾的优质有机肥料，1只成鹅1年可产粪125~150千克。鹅粪排泄在水中，可增肥水质，可以增殖转化为鱼喜食的浮游生物，能使鱼增产90~100千克。每隔4年左右，要排除塘水，将塘底污泥挖出，又可增加耕地的肥力。如规模化将种草与鱼塘养鹅结合，使种草与鱼鹅供养，同步发展，从而达到饲养鱼、鹅高产、优质、高效和增收的经济效益和生态效益。

第三节　雏鹅放牧应注意的问题

雏鹅通过放牧可以促进雏鹅的新陈代谢，增强体质，提高雏鹅对环境的适应性和抵抗力。雏鹅从舍饲转为放牧的时间应该在外界温度与育雏温度接近的时节。选择风和日丽的日子进行。放牧时要避开寒冷的阴雨天，放牧中要训练鹅群听从"信号"，要选择好领头鹅。雏鹅放牧场地要求避风向阳、地势平坦，离育雏舍距离近的地方。选择的牧场要青草鲜嫩，水源清洁便于鹅群饮用，无疫情和农药污染、安静场地。放牧应做到"迟放早收"。早上气温较低，上午第一次放牧时间应晚一些，待露水干了后进行，以防止雏鹅绒毛被露水沾湿，使雏鹅受凉引起感冒或腹泻。

雏鹅体质弱，对外界环境的干扰抵抗力差，必须加强放牧管理。放牧雏鹅群要缓赶慢行，不能紧迫驱赶。对病弱的、精神不振的雏鹅要留下舍饲。阴雨天要停止放牧，避免雨水淋湿鹅体。晴天放牧时要使雏鹅避免烈日暴晒。返舍时可让雏鹅群洗好澡再进入育雏室，对没有吃饱的雏鹅要及时给予补饲。

第四节　养鹅适时出栏上市

选择肉鹅最佳出栏期可提高肉鹅养殖的经济效益。冬鹅是冬孵冬养快速育肥的肉鹅，11月开孵，12月出鹅苗，春节前后即可上市。冬鹅饲养周期短，食性广，耐粗饲，耗粮少，增重块。一般经2个多月饲养，每只冬鹅体重即可高达4~6千克。

养鹅出栏时期应从饲料利用效果，及鹅自身生长情况和鹅产品市场价格变化两方面考虑，选择最佳时机出售，增加收入。按饲料利用效果方面考虑，肉鹅4—8周出现增重高峰期，9周龄后增重减慢，饲料利用率降低，这时可将鹅群由放牧转为舍饲育肥。正常饲养管理条件下中小型鹅养到70~90日龄，活重3.5千克左右；优良杂交商品鹅66日龄。活重3.5~4.5千克，大型鹅80日龄，活重4~5千克，就应及时出栏上市。若在延长饲养期内适时人工活体拔毛，可提高效益。因为10周龄后的饲料利用率下降，增重速度缓慢。按市场价格方面考虑，一般北方市场秋鹅售价低于春、夏，这是因为秋鹅出栏时间过于集中，且鹅体重偏小，出肉率低，卖活鹅的效益最低。羽绒价格比肉价高许多倍，肥肝比肉价高几十倍，鹅肫，鹅掌等都比肉贵，内脏、鹅血也很值钱。因此，北方应以市场为导向，应早养雏鹅，夏末出栏为宜。或夏末、早秋养雏鹅，冬季出栏，此时羽绒含量高、质量好、产量多、市场售价较高，提高了经济效益。对鹅产品的深加工及副产物的综合开发利用，能提高养鹅生产的整体最佳经济效益。

第八章 鹅选育与繁殖技术

第一节 繁殖性能

　　繁殖性能包括产蛋量、蛋的受精率、孵化率及雏鹅成活率。应选留鹅群中丰产鹅的后代。加强对后备鹅的饲养管理，合理放牧，补充精料，促使其生长发育。在产蛋前人工拔毛1次，可促使鹅提前20~30天产蛋。在产蛋前和产蛋期要多喂精料和青绿多汁饲料，精粗比例达1:1。并注意补充蛋白质、矿物质、微量元素、维生素等。同时给予足够的光照、洗浴，促其交配，促使鹅早开产、产蛋多、蛋的受精率高。选留公鹅时开始多留一些后备种公鹅，而后再根据公鹅配种能力进行定群选留。另外，孵化率高低受种蛋质量和孵化技术的影响。一般要求受精蛋的孵化率达到85%~90%以上，健雏率90%~97%，雏鹅成活率为90%~97%，表现很强的生活力和抗病力。在选留经产母鹅时，繁殖性能要作为主要指标。生长速度达不到本品种群体水平的个体，不能留作种用。种用母鹅要求体型大、品种特征明显、生长发育和外貌结构良好、产蛋多。一般后备母鹅和成年种鹅选种前，也应选择其产羽量高和羽绒优良性状的留种。

第二节　种鹅各阶段的选择

一、蛋选

从羽毛洁白、体型外貌较好，健壮无病的母鹅产的蛋里，选出蛋重140~160克，蛋型指数（蛋型指数系蛋的纵径与横径之比，也有以横径与纵径之比计算）1.5，蛋壳白色，厚薄均匀适度的蛋作为种用。尤其要注意选择丰产鹅产的蛋入孵。

二、雏选

在春季孵出的雏鹅后、开食前进行选雏。选留的出壳雏鹅血统记录要清楚，为来自高产个体或群体的种蛋。并注意挑选准时出壳、个体大、初生重在90克以上、体格健壮、绒毛丰满而富有光泽、无杂毛、两翅紧贴体躯、腹部柔软、臀部圆满尾翘的母鹅作种用。种公鹅要求体躯高大均称、活泼有神、嘴中等，眼凸有神，颈细长，叫声洪亮，两脚粗壮、距离较宽、阴茎发育正常的健雏作种用。淘汰那些不符合品种要求的杂色、弱脚、干瘦、大肚脐、眼睛无神、行走不稳和畸形的鹅雏。

肉用型必须选留具有品种特征、体健壮、生长发育好，体重要求60天长到5千克、体型大（成年鹅体重9~15千克)、羽毛丰满、肥瘦适中、精神活泼、叫声洪亮、行走敏捷、没有生理缺陷的雏鹅；淘汰与此相反的雏鹅。

蛋用型需在 6~8 周龄时，选留羽毛生长速度快，体重不太大，产蛋大而数量多的；淘汰所有生长缓慢，外貌和生理有缺陷的雏鹅。选留和淘汰工作，也在 6~8 周龄时进行。强雏和弱雏详见强雏和弱雏鉴别表（表 8-1）

表 8-1　强雏和弱雏的鉴别

项　目	强　雏	弱　雏
出壳时间	0—31 天内	提早出壳
绒　毛	绒毛整洁、长短合适、色泽光鲜	蓬乱污秽、缺乏光泽，有时绒毛短缺
体　重	正常符合品种标准，大小均匀	过大或过小，大小不一致
脐　部	干燥、愈合良好，其上覆盖绒毛	愈合不好，脐孔大，触摸有硬块，有黏液卵黄囊外露，脐部裸露特别膨大
腹　部	大小适中，柔软	特别膨大
精　神	活泼，反应灵敏，腿干结实	痴呆，闭目，反应迟钝，站立不稳
感　触	抓在手中饱满，挣扎有力	瘦弱，松软，无力挣扎

三、后备鹅的选择

在 80~90 日龄时进行。选留体型外貌符合选育目标的个体，作为后备种鹅。要求品种特征典型、体重大、肥度适中、体质结实、觅食力强、生长发育良好、羽毛丰满、毛色纯白、绒质优良的个体。种用公鹅的头中等大、两眼灵活有神、喙甲粗短并紧合有力、颈粗而稍长、胸深而宽、背部宽长、腹部平整、脚粗有力且距离宽、叫声哄亮。种用母鹅体重和头的大小适中、眼睛灵活、颈细长、体型长而圆、前躯较浅狭、后躯深而宽，臀部宽广、两脚结实、且距离宽等。

四、种用育成鹅的选择

后备种鹅进入性成熟期，转入种鹅生产阶段前，一般在20~22周龄进行，对选留的后备种鹅严格复选定群。选留体型大、健壮结实，生长发育健全的育成鹅，外貌特征符合品种要求，如身体匀称、活泼好动、反应灵敏、外貌结构良好。淘汰体质弱、有病、体型外貌不符合品种特征、体重达不到标准、发育不全和消瘦的个体。种公鹅应挑选雄性特征明显，要求体态高昂，体型大，体重5.5~6.5千克，头大颈粗，肉瘤大而突出、圆而光滑平整，眼大有神，嘴短，体躯呈长方形，胸深背阔，腹部平整，脚腿粗大有力，蹼厚大，两脚距宽，叫声宏亮，用手捉公鹅颈部离开地面时，两腿用力侧向蹬动，同时双翅频频拍打。注意检查公鹅的生殖器官发育情况，并对其精液品质加以鉴定。淘汰跛足，性器官发育差，阴茎发育不良，性行为不明显，精液品质差等不合格的公鹅。挑选产蛋量高的母鹅要求身体健康，外貌清秀，大小适中，眼睛大而灵活，颈细长，身长而圆，羽毛细密贴身，前躯较浅窄，胸饱满，后躯深而宽，腹深轻微下垂，臀部宽广，肛门大而圆滑，两脚稍高，距离宽、蹼大而厚，羽毛紧密，两翼贴身，尾羽不多且不竖起行动敏捷等，选留为种鹅。

　　鹅的生长期较短，成熟较晚，可利用5~6年，个别优良母鹅可延长至7~8年。但种公鹅应注意更新，否则会造成鹅群严重退化，较明显的是在每年孵鹅季节里，可见有畸形怪状的鹅雏，如瘫痪、瘸腿、歪脖、瞎眼等。有的还死在蛋壳里，这是因为养老公鹅而导致鹅的血缘近亲造成的。从遗传上说，血缘近亲的害处是退化、不孕、畸形、难产、抗病能力低等。饲养种公鹅如果利用数年不更新，就会导致血缘近亲。除了雏鹅出现上述病症外，还可使成母鹅产蛋个小、量少。因此，要及时将老公鹅淘汰。种公鹅要1年选留，最好到外地购进，切勿在同窝里有血缘关系的雏鹅中选留种鹅，更不要养老公鹅作种用。

五、产蛋母鹅的选择

　　产蛋母鹅选择应根据外貌与生理特征、各部生长发育和健康状况及繁殖性能。种鹅产蛋1年后，根据记录资料，把开产早、产蛋多、种蛋大、蛋壳品质优良、蛋型指数合乎要求，受精率和孵化率高，就巢性弱的个体留作种鹅。尤其要注意选留丰产鹅的后代。有个体记录的，还可以根据其父母及后代的生产性能综合评定。

六、种鹅性别鉴定方法

1. 雏鹅雌雄鉴别法
雏鹅性别鉴别对种鹅的选留育种，雌雄鹅分群饲养或多余公鹅及时淘汰处理，降低种鹅饲养成本等具有重要的经济意义。初生雏鹅性别较难识别，养鹅生产实践中主要采用以下几种雌雄鉴别方法。

（1）外形鉴别法。在同一品种中，一般雄雏鹅的体重略大、体驱稍长、头部较为粗大，颈粗长，眼呈三角形，鼻孔狭小，腰宽体长，腹部平贴，站立姿势较直，鸣叫声清脆洪亮；而雌雏鹅体重略小、体驱略短、头部较小，肉瘤小、颈细短，眼较圆，鼻孔略大，翼角有绒毛，站立姿势不像雄雏鹅那样直立，而是较前倾，身体后部比较丰满而充实，微微下垂，鸣叫声低细且轻，但按外形鉴别，准确性不高。

（2）生殖器鉴别法。将雏鹅腹朝上，仰卧在地上，拇指和食指把肛门轻轻拨开用力向外稍加压，翻出泄殖腔，如有螺旋状的阴茎雏形突出，为雄；若肛门只有三角形皱褶，且其高度不超过1厘米即是雌雏。

（3）翻肛鉴别法。左手捉雏鹅，让其头朝下、腹朝上呈仰卧姿势，肛门朝上斜向鉴别者。左手中指与无名指夹住雏鹅两脚的基部，食指贴靠在雏鹅的背部，拇指置于泄殖腔右侧（图8-1），头及颈部任其自然，再将右手的拇指和食指轻轻将泄殖腔两侧上下或前后稍微揉搓（不要来回揉搓，以免损伤泄殖腔）。若在雏鹅的泄殖腔腹壁见有长3~4毫米的螺旋形呈浅灰或内色的突起（阴茎的萌芽）即为雄雏；若泄殖腔仅有三角瓣形皱褶的，则为雌雏。

（4）顶肛（摸肛）鉴别法。用此法鉴别出鹅的雌雄速度快，且对雏鹅不会造成损伤。方法是左右手抓握雏鹅，右手食指和无名指左右夹住雏鹅体侧，中指在其肛门外轻轻向上

图 8-1　翻肛鉴别手势和捏肛法手势

一顶。如果感到有小颗粒凸起的硬物，熟练后速度较快，尖端可滑动，根端固定。即为雄雏；无此感觉即为雌雏。此法准确性虽较高，熟练后速度较快。但此法比翻肛手法难以掌握，但熟练且有丰富经验者可正确识别。

2. 成年鹅雌雄鉴别法

成年鹅雌雄性外貌上很易区别。雄鹅体型和肉瘤都较雌鹅大，体型比雌鹅的头颈比母鹅粗大，胸深而挺突，脚粗长而有力，蹼厚大，有阴茎。雄鹅叫声洪亮；举止雄壮稳健。而雌鹅体型和肉瘤都较雄鹅小，头部清秀、颈细长，胸饱满腹部下垂，腹深、臀部丰满、两腿间距宽，叫声低短，行动迟缓。

第三节　配种

鹅性成熟较晚，良种鹅 6 月龄方达性成熟，即可留作种用，适时配种才能发挥种鹅的最佳效益。公鹅在 180 日龄、母鹅在200日龄左右即可配种，开始配种的鹅龄在10—12月龄以上较为适宜，或母鹅在7月龄左右开产的，蛋重达110~130克时，达到该品种标准时开始配种为宜。种鹅配种过早，尚未达到性成熟和体成熟，公鹅尚不能供给足够的高质量精液，造成种蛋受精率低，同时影响其生长发育，有损健康，雏鹅品种差。公鹅在第2~3年配种能力最强，4年后配种能力减弱，一般利用3~4年即行淘汰，个别优良的公鹅可延长4~6年。母鹅5年以后产蛋量下降，一般利用4~5年后即行淘汰，对产蛋量和受精率都较高的个体，可适当延长利用年限。

鹅是水禽，多在水面进行交配。公鹅性欲以上午最强。因此，每天应放水至少4次，上午多放，以使母鹅得到交配的机会，以提高种蛋授精率。为提高种蛋授精率，种鹅群中公、母鹅的比例要适当。鹅有择偶特性，一般公母鹅经一定驯化配偶，这是提高种蛋授精率的主要因素，如果公、母配种比例不当，会直接影响授精率。若公鹅少母鹅多，公鹅交配不过来，提供不了优质的精液，会降低授精率；公鹅多母鹅少，则公鹅之间易引起争配咬斗，互相干扰，母鹅也会因反复被爬跨而拒绝公鹅交配，影响授精率，甚至发生伤亡。正确的选留公母鹅的配种比例，因品种、年龄、季节及配种方法等多方面因素而异。公母比例一般要求1：（5~6）。小型品种公、母比为1：（6~7），中型品种公、母鹅比1：5为宜，大中型品种1：（4~5）。母鹅产蛋期公母鹅比例的大小要根据授精率的高低进行调整，可使种蛋授精率达到85%以上。为了提高母鹅的性欲和种蛋的授精率，应增加公母鹅在水中活动。若采用人工授精，公母性比可以在 1 : (15～20)。此外，还应掌握大型公鹅和老年公鹅应少配，体质强壮的公鹅可多配，青年公鹅性欲旺盛，精液品质好，配种能力强，母鹅比例可高些。在非繁殖季节，可适当减少公鹅的数量，以降低饲料消耗。一般农户习惯养 1 只公鹅，4～6 只母鹅，组成 1 个小配种群，俗称"一架鹅"，集中饲养仔单间栏舍或运动场内。

第四节　种鹅的选配

种鹅好坏直接影响养鹅的经济效益，优良种的能产出量多而质好的肉蛋和羽绒，且饲料成本低。为了获得优良的后代，可有意识、有计划地选取公母种鹅交配。目前种鹅的选配方法采用同质选配和异质选配 2 种。同质选配是选择生产性能或其他经济性状相同的优良公母种交配，以增加亲代和后代的相似性，巩固和加强优良性状。鹅的纯种繁育多属于同质选配。异质选配是选择具有不同生产性能的优良公母鹅交配。这种选配可以增加后代基因型的比例，降低后代与亲代的相似性，能使后代获得亲代双方的优良特性，属于鹅的品种间杂交。

运用现代繁育方法，可以培育高产鹅群，提高种鹅的繁殖性能，现代繁育方法有本品种选育和杂交繁育方法。

一、本品种选育（纯合群体繁育）

在品种内部通过选种选配、品系繁育、改善培育条件等措施，达到保持品种纯度和提高整个品种质量的目的。通过系统选育，还可选育出新品种、品系或群体。在繁育过程中易发生近亲繁殖，为了防止本品种选育时近亲繁殖的缺点，可采取淘汰体质弱、繁殖力差及种群小、数量少的种鹅，以及生产力低、不符合理想型要求的个体。加强饲养管理，提高幼鹅群及其繁育后代的营养水平等措施。为了防止亲缘交配等缺点，还可以进行血缘更新，从外场引入一些同品种、同类型和同质性而又无亲缘关系的种公鹅或种母鹅进行繁育。为了保证商品鹅的较高生产性能，可采取"异地选公鹅、本地选母鹅、定期调换种公鹅"的办法。

二、交杂繁育

指不同品种的种公、母鹅进行交配，可以通过纯品种成品系间，交杂后代是具有杂种优势的商品鹅，交杂一代生命力强，生长发育快，显著提高生产性能。同时，有计划地进行杂交，通过双亲遗传结构的重新组合，使后代的遗传结构多样化，从而出现新的性状。因此，常利用杂交优势与选种配种培育相结合的方法获得高产、优质的商品鹅和鹅产品。利用遗传结构的重新组合改良地方品种和选育新品种，根据杂交的目的不同，可以采用以下几种交杂方法。

经济杂交。经济杂交是用两个品种的公母鹅简单杂交，杂交后代只作商品鹅，不作为种鹅。这种杂交一代鹅生活力强，生长发育快，显著提高鹅的生产性能。比如我国小型鹅产蛋量高，体型较小，早期生长速度慢，但可与早期生长速度快的大型鹅杂交，能提高仔鹅生长速度。商品鹅繁殖场通常将狮头鹅作为父本，与太湖鹅进行杂交，杂交仔鹅生长速度比纯种太湖鹅提高20%以上，且生活力强，饲料利用率高。清远鹅肉质好，但产蛋性能差，与产蛋多的东北鹅进行杂交可提高后代产蛋性能。鹅的经济杂交对用于杂交的父本和母本应选择产地分布距离远，来源差别大，这样的杂交后代杂种优势明显，杂交的互补性强。同时还要对鹅杂交组合父母本羽毛进行选择，这样的商品鹅更符合市场需求，提高经济效益。

引入杂交。引入杂交在保留原有品种基本品质前提下，利用引入品种改良原有品种某些缺点的一种杂交方法。选择引入外来品种公鹅与我国地方品种母鹅进行杂交，在杂交一代中选出较理想的公鹅与原有品种母鹅回交。如果回交一代不理想，可以再回交1次，最后用符合理想型要求的回交种进行自群繁育。比如引入莱茵鹅，适宜大群饲养。进行系统纯种选育改良，作为父本与国内鹅种杂交产生肉用杂交仔鹅，8周龄体重达3~3.5千克，为理想的肉用杂交父本，与本地白鹅、豁鹅种杂交产生鹅进行杂交，生产的改良雏鹅，其生长速度和抗病力明显优于本地雏鹅，改良雏鹅饲养3个月龄平均体重达到5千克以上。

育成杂交。育成杂交是用2个或3个以上品种进行杂交，以培育新品种的一种杂交方法。使用2个以上商品种交培育新品种，叫简单的育成杂交；用3个品种以上杂交培育新品种叫复杂的杂交。可把几个品种的优点结合起来，即可根据育种区域规划，采用杂交方法创造新品种。把遗传结构的改良和培育环境条件的改善结合起来，加强定向培育，才能有效提高养鹅的生产效果。当原有品种不能满足需要、又无外来品种可以完全代替时，可用育成杂交方法培育新品种。比如用阳江鹅的白色变种母鹅，和狮头鹅的白色变种公鹅杂交，淘汰杂色后代选体型大，白色后代自交，再引入太湖鹅参与杂交，选用优良个体适度近亲交配，然后进行横交和互交，固定培育成新鹅种。

第五节　种鹅配种

鹅是水禽，交配多在水面进行，俗称"打水"，比在陆地上交配受精率高。因此，养鹅要求有较宽阔的水面，水深1米左右为宜。作为水上运动场，每100只鹅应有50平方米水面，将公鹅及母鹅赶上水交配，以提高鹅蛋的授精率。种鹅群能撒得开，可"扎猛子"，减少公鹅的争斗，便于进行交配。若运动场的水面过大，鹅群分散，则配种机会少；若水面过窄，就会出现错配，这样都会影响授精率。水面最好是缓慢流动的活水，清洁未受工业、生活污水的污染，不可有杂物、杂草秆等，防止损伤公鹅的阴茎，影响其种用价值。

配种时间应根据公、母鹅两个方面的生理情况安排。就母鹅而言，在产蛋之后配种，授精率高。母鹅大部分在清晨至上午8时左右产蛋，公鹅早晨和傍晚的性欲最旺盛，所以上午是最佳配种时间，可在下午4时左右复配。所以早上出圈和晚上归圈前，要让鹅有较长时间在水面上活动，多在水面进行交配，为种鹅提供更多的配种机会，提高了种蛋的授精率。特别是棚养条件下，在种鹅繁殖季节，要充分利用早晨开棚放水和傍晚收牧放水的有利时机，每天至少放水配种4次，上午多放，使母鹅得到复配机会，以提高受精率。此期应尽量让公鹅分散，以免争配而打架。

鹅的配种方法有自然交配、人工辅助配种和人工授精等3种。

一、自然交配

种鹅自然交配时选择好种公鹅和种母鹅后，把公、母鹅按一定比例饲养，大型鹅为1:(4~5)只，小型鹅为1:(5~7)只，放水中适时让其自然交配（图8-2）。大群配种每群百只以上或更多，按要求比例放入公鹅任其配种，一般用于

图8-2 水中伴侣

种鹅的扩大繁殖，用此法管理方便，有复配机会。如果采用热配方法，再结合双重交配，授精率高，但不能确知后代雏禽的父母，无育种价值，只能用于繁殖场，作商品生产。育

种场常用 1 只公鹅与适量的数只母鹅组成 1 个小配种群进行配种，这种方法在鹅育种场常用。个体单配是 1 只公鹅和 1 只母鹅配种，定时轮换，这种方法可克服固定配偶，可充分利用良种优秀公鹅，提高配种比例和授精率。公、母鹅均编号，种蛋记上配种公鹅号和母鹅号，这样就能确知后代雏鹅的父母。此种方法管理较麻烦，但可通过家系繁殖进行有效的选种工作。

二、人工辅助配种

有的鹅体型大，行动笨，或因鹅择偶性强等原因，自然交配有困难，需要人工辅助配种，即将母鹅固定，任公鹅爬跨交配，这种方法可以提高授精率。有的产区农民数户养 1 只公鹅，也采用这种配种方法，即在繁殖季节，将母鹅送到公鹅处，俗称"讨水"，每产 1 枚蛋，人工辅助交配 1 次，授精率可高达 85% 以上。人工辅助交配法时用手捉住母鹅两腿和翅膀，在水中轻轻摇动，引诱公鹅接近，在公鹅踏上母鹅背时，1 手托住母鹅，另一只手把母鹅尾羽向上提起，让公鹅交配，交配后放鹅走开活动，并补喂精饲料，搭配青饲料。

三、种鹅人工授精

影响鹅蛋授精率的原因，除了公母鹅个体差异、性比不当，就是择偶性。鹅的这种配种习性给自然配种和繁殖带来困难，故要提高种蛋的授精率，除需要人工辅助配种以外，还需要人工授精。即用人工方法采集公鹅的精液，经稀释后，借助输精器，输入母鹅的生殖器官使之授精。采用这种方法，可以提高种蛋的受精率和孵化率，发挥优良种公鹅的配种利用率，节省种公鹅的饲养成本，并可克服某些品种间的交配困难，避免生殖系统传染病，便于有计划地选种选配。同时，可以扩大基因库，不受时间地区的限制。

人工授精技术包括公鹅的采精、母鹅的输精及精液品质的鉴定和精液的稀释、保存等操作。

1. 公鹅的采精

采精前的准备　选择种公鹅第 1 次是在 2 月龄进行，第 2 次选择在 7 月龄进行。要求公种鹅的健康状况优良，生长发育良好，个体大，毛色体型符合品种特征，阴茎发育正常、无病变，性欲旺盛，精液品质良好射精量多稳定正常的种公鹅。采精前 15—30 天隔离饲养，饲料中添加蛋白质和维生素 E 等。并进行 7—10 天的采精按摩训练，经过对公鹅进行采精调教，使之对保定、按摩、射精过程形成良好的条件反射，按摩 15—30 秒钟阴茎能勃起射精。在进行授精前，剪去泄殖腔周围的羽毛，用 75% 酒精消毒，再用棉球蘸 1% 氯化钠或精液稀释液擦去消毒液。准备好集精杯、保温杯、刻度试管、吸管、温度计等采精器具。鹅的集精杯由两个棕色玻璃容器组成，外面的形同三角烧瓶，用来装水保温，里面的形似离心管，上面带有精确至 0.1 毫升的刻度，用于收集精液。鹅的射精量少，采精前应现在集精杯里放 0.3~0.5 毫升加温至 40℃ 的稀释液或生理盐水。

采精时间　公鹅早晨性欲旺盛，因此在早晨放牧前采精较好。此时母鹅大多已产过蛋，精液经过稀释可立即输精，授精率较高。公母鹅单圈隔离饲养的，也可以在下午进行。

采精方法　采精前不要让公鹅吃得太饱，采精方法是要为两人合作，操作者坐在板凳上，将公鹅固定在两腿膝部上，鹅头夹在左臂下，其尾部向右侧。助手站在右边，用左手保定鹅脚，使鹅保持爬伏姿势，右手持集精杯。操作者左手置鹅的背部，掌心向下，由翅膀基部向尾部方向有序进行按摩。公鹅性兴奋部位在尾部，当按摩到尾根部时，手指并拢并稍用力，从泄殖腔外周通过。同时用右手有节奏地按摩腹部后面的柔软部，并慢慢用拇指和食指按摩挤压泄殖腔环。8—10秒钟后，阴茎勃起，并有点突出于泄殖腔，右手感觉到其变硬时，迅速以左右拇指和食指按压泄殖腔 1/3 处两侧，这时勃起的阴茎伸出，助手立即将集精杯置于泄殖腔下方，使伸出的阴茎对准集精杯，操作者左手持续地一松一紧挤压泄殖腔，精液沿射精沟从阴茎顶端射出，直至采精 1 次精液排完为止，可用消毒采精杯收集到清洁的精液。有条件的鹅育种场采用电刺激采精仪产生电流刺激公种鹅射精时采精。或用假阴道对公鹅诱情让种公鹅阴茎勃起伸出交尾，迅速将阴茎导入干净消毒的集精杯取得精液。公鹅采精隔天进行为好。种公鹅射精量随品种、年龄、季节、个体差异和采精操作熟练程度而有很大变化。种公鹅平均射精量为 0.2~1.3 毫升。

采精注意事项：捕捉公鹅动作要轻缓，不要使公鹅收到刺激。按摩时用力要适当，用力过猛，时间过长，都会损伤生殖器，导致出血或排便而污染精液。集精时，手指和集精杯不可接触阴茎。在公鹅射精时，一定要按压泄殖腔上 1/3

部位，使阴茎的射精沟完全闭合，精液才能从阴茎顶端射出，否则，射精沟张开，精液从阴茎基部流失，造成采精失败。有时采精阴茎不一定突出即有精液排出，应及时注意吸取。有时阴茎虽然突出但无精液排出，这时可松开左手，只用右手拇指与食指在泄殖腔上下做有节奏的压迫，可使精液排出。对所有与人工授精接触的用具在使用前必须严格而彻底的清洗和煮沸消毒，煮沸消毒后要烘干水分。采精前 4~6 小时停水停料，防止公鹅吃得饱，排泄粪尿污染精液。

2. 精液品质检查、稀释及保存

精液品质的检查　鹅的正常精液呈乳白色或淡黄色，乳白色较浓稠的液体，精子密度高；淡黄色者精子密度较稀。当有疾病、应激或混入血、粪尿等时，精液的颜色异常、稀薄，无异物、无异味。质量差和被污染的精液不能用作输精。混血的精液呈粉红色，混尿的呈白色絮状，被粪便污染的呈黄褐色，混有大量透明液的呈水样。鹅的射精量一般为 0.2~1.3 毫升，平均 0.3 毫升。精子的活动和密度应用显微镜进行检查。

精子的密度和活力是鉴定精液品质的两项指标，同时也是决定精液稀释倍数的依据，直接影响种蛋的受精率。可以在 40~42℃ 的保温箱内显微镜下检查，精子是直线前进运动的，精子活力是指直线运动的精子占所有精子的比例。评分标准为 0，0.1，0.2，…，0.9，1.0。如 90% 的精子呈直线前进运动，评为 0.9。精子密度是指 1 毫升精液中所含精子数。计真精子密度较准确方法是用血球计数板在显微镜下根据精子每毫长的含量和分布情况，估测一下，粗略地分为稠密、中等、稀薄 3 个等级。种公鹅的精子密度一般为每毫升 1 亿~25 亿精子。种鹅精子密度差异较大,浓者 10 亿个/毫升以上,稀者 3 亿个/毫升以下,4 亿~6 亿个/毫升为中等。

精液的稀释　鹅的射精量少,精子密度高,可在精液里加入一些配置好的溶液作为稀释液。精液稀释后,可使精子均匀分布,保证各输精剂量都有足够的精子数,能给较多的母鹅输精,而且可以延长精子存活时间,提高公鹅的利用率。复合稀释液里含稀释剂、营养剂、保护剂等,如前苏联家禽研究所提出的 A-7 稀释液,含醋酸钠 1.2 克,葡萄糖 3.0 克,碳酸钠 0.15 克,10%醋酸 0.15 毫升,蒸馏水 100 毫升,用于稀释鹅的精液效果很好。另外还有一些简单的稀释液,如 1%氧化钠溶液,经消毒的脱脂牛奶等。据江苏家禽研究所试验,用 0.9 氯化钠溶液(生理盐水)稀释的精液,授精率可高达90%以上。精液采下后要注意保温,尽快稀释。事先将精液稀释液分别装入试管中,同时放入 30℃保温瓶或恒温箱内,使精液温度大致相同或接近,避免温差过大,影响精子活力。然后根据精液品质,按 1:(1~2)稀释,即加等量或 2 倍的稀释液,稀释比例过高难于保证输入足够的精子数。精子稀释时,切不可将几只种公鹅的精液混合共同稀释,因几只公鹅稀释后常出现精子凝集现象,使精液品质下降,种蛋受精率降低。稀释时,稀释液应沿装有精液的试管缓慢加入,并轻轻转动试管,使之均匀混合。若高倍稀释要分次进行,防止突然改变精子所处的环境。

精液的保存　未经稀释的精液,在室温下 30 分钟就会影响授精率,必须进行短期保存。可采用稀释、降温、通气、降压等方法保存。新鲜精液常用隔水降温，在 18~20℃ 范围内保存不超过 1 个小时，用于输精的，可使用简单的无缓冲的稀释液稀释。一般用生理盐水（0.9%氧化钠），最好用复方生理盐水（接近血浆的电解成分），稀释效果好，稀释比例为 1:1。稀释后逐步降温至 2~5℃，可保存 24 小时。2~5℃下通气保存，在 48 小时内均有较好的授精效果。鹅精液的冷冻保存试验以获成功，因其授精效果与鲜精相比，仍有较大差距，目前尚未广泛应用。

3. 母鹅的输精

输精时间与剂量　输精时间一般安排在上午 10—12 时。此时母鹅大多已产过蛋。若母鹅生殖道里蛋未产出，暂不输精，因蛋的存在，会影响精子向受精部位运行。稀释精液输精量为 0.05~0.1 毫升，其中含有效精子 2 000 万~6 000万个。首次加倍，以后每隔 5—6 天输 1 次。

输精方法　鹅的输精方法有手指阴道法、直接插入阴道法和阴道输精法。常用的为直接插入阴道法。输精时助手保定母鹅，操作者面向鹅的尾部，用蘸有生理盐水的棉球擦洗泄殖孔周围，左手 4 指并拢消毒把母鹅尾拔向一边，拇指按压泄殖腔下缘，使泄殖腔孔开张，输精人员右手持吸取了精液的输精器（1毫升注射器，头部安一胶管）。将胶管末端插入母鹅泄殖腔左下方的输卵管口，深度约 5~6 厘米，此时以左手拇指稳定输精器，用右手慢慢输入精液后，慢慢松手，轻轻压迫阴道口即可慢慢纳入泄殖腔，最后轻轻抽出输精器，把母鹅轻轻放到清洁的鹅舍内让其休息。

输精注意事项　操作时要求输精人员手指和种母鹅泄殖

腔周围消毒。操作过程中，插入输精器动作要轻，不能用力过猛，以免损伤母鹅生殖道和输卵管；注入精液时，要放松对母鹅的压力，防止精液外流；在抽出输精器之前，要捏住输精器上的胶管接头，以免造成输入的精液又被吸回管内。

4. 及时更换种鹅

在种鹅的产蛋繁殖期应及时挑选出腿脚有伤残，性行为不明显等不合格的公鹅予以淘汰，相应补充种公鹅。在产蛋后期，母鹅产蛋量减少，畸形蛋增多，公鹅的配种能力有所下降，种蛋受精率下降，要及时淘汰不合格的公、母鹅，并按公母比例投放后备公鹅，以提高种蛋的受精率。

第六节 鹅种蛋的孵化与出雏

一、种蛋的构造

各种禽蛋的形状、大小和色泽各有不同，但种蛋的结构均由蛋壳、蛋壳膜、气室、蛋白、蛋黄、系带及胚珠或胚盘组成。（图8-3）

1. 蛋壳

在蛋最外层，主要成分是碳酸钙（89%~97%）及少数盐类和有机物构成，厚度为0.26~0.4厘米。小头壳比大头厚。蛋壳表面有一层胶质状护壳膜，新产下的蛋气孔被胶护膜覆盖，可防止蛋内水分蒸发和外界微生物侵入。随着蛋的存放或孵化，胶护膜逐渐脱掉。气孔是胚胎呼吸代谢的通道，以

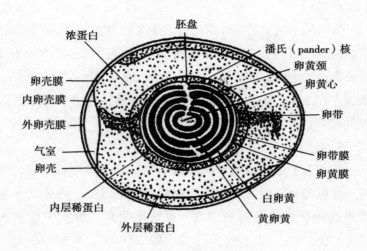

浓蛋白

胚盘

潘氏（pander）核

卵黄颈

卵黄心

卵壳膜

内卵壳膜

外卵壳膜

气室

卵壳

卵带

卵带膜

卵黄膜

内层稀蛋白

白卵黄

黄卵黄

外层稀蛋白

图 8-3　鹅蛋的纵断面

保证蛋在孵化时气体交换。

2. 蛋壳膜

紧贴在蛋壳里的膜，内外各有一层膜，蛋壳外表附有一层胶质膜—外蛋壳膜。蛋壳内层的薄膜叫内蛋壳膜。内层较厚，外层较薄。内外壳膜有保护蛋内部不受细菌、霉菌等微生物侵袭的作用。气体和流质则经渗透作用通过壳膜。长期保存或洗涤过的蛋，外蛋壳膜易脱落，微生物就很容易由气孔进入蛋内，使蛋变坏。

3. 气室

蛋产出后，蛋温下降，蛋白及蛋黄浓缩，在蛋的钝端，内外壳膜分离形成空间，称气室。气室是气体交换的场所，气室越大，水分蒸发越多。所以气室的大小是蛋新鲜程度的标志之一。

4. 蛋白

蛋白是半流动的黏性物质，占蛋重的 50%~60%。蛋白分稀蛋白和浓蛋白，靠近蛋黄部分是浓蛋白，在它的外层有 2 层稀蛋白。蛋白的成分是：水分占 85.5%，蛋白质占 12.8%，脂肪占 0.25%，碳水化合物 0.77%。此外，还含有维生素和微量元素、酶及无机盐等。

5. 蛋黄

蛋黄为不透明油质状态的乳状物，位于蛋的近中心，外有一层极薄而透明的卵黄膜，保持蛋黄的完整。陈蛋的卵黄膜弹性降低，稍震动易破裂，成为散蛋黄。蛋黄中脂肪占 33%，蛋白质占 17.4%，碳水化合物占 0.2%，矿物质占 1%。

6. 系带

蛋黄两端各有 1 条带状物叫系带，是由输卵管分泌的黏蛋白纤维扭转而成。其作用是固定蛋黄位置，防止震动，使蛋黄居于中央不触及蛋壳。系带是由浓蛋白构成，具有弹性。但保存时间长，系带弹性变弱，并与蛋黄脱离。

7. 胚胎

在蛋黄表面的上部有一色淡而细小的白点，未受精时称为胚珠，含卵细胞的胞核和部分胞质，受精以后次级卵细胞经过分裂，此区增大，称胚盘。

二、种蛋的选择、保存、运输和消毒

1. 种蛋的选择

种蛋的品质对孵化率及雏鹅的品质有明显的影响。种蛋品质好，孵化率高，有利于雏鹅健康，提高未来生产性能；种蛋品质差，孵化率低，影响雏鹅健康和未来生产性能。因此，在孵化前一定要严格挑选种蛋。种蛋应选自合格种鹅场的优良品种健康高产鹅群，鹅龄 1 年以上，且公母鹅比例适当。这样的种蛋受精率高。种蛋要求蛋壳表面清洁，以免细菌污染种蛋，影响胚胎正常发育。种蛋要新鲜，保存时间越短越好，一般以 5~6 天为适宜，春秋季不超过 2 周，春末夏初气温高，种蛋保存期 3~5 天。如存放时间越长，孵化率就下降，弱雏多（表 8-2）。种蛋大小要适当均匀，大型鹅蛋180~200 克，小型鹅蛋 130~150 克为宜。若种蛋过大，孵化升温慢，散热不良，孵化率低；种蛋过小，孵出的雏鹅弱小，不易成活。其次，种蛋的形状要合适，不要过长，否则气室小，孵化后期因空气不足窒息或雏鹅不能转身破壳而死；过圆气室大，水分蒸发快，后期常因缺水而死；过大（双黄）腰鼓形橄榄形等，畸形蛋也不能作孵化用，否则孵化率低，甚至孵出畸形雏鹅。而选择的蛋壳过厚，水分蒸发慢，气体交换困难，也不易破壳出雏。壳薄而粗糙的沙壳蛋、坚硬的钢皮蛋，孵化时受热缓慢，气体不易交换，水分蒸发慢，雏鹅出壳困难，孵化成功率极低。水分蒸发快，容易破碎。

表 8-2　种蛋保存期对孵化率及孵化所需要时间的影响

保存天数（天）	授精蛋孵化率（%）	延迟孵化时间（小时）
1	88	0
4	87	0.7
7	79	1.8
10	68	3.2

保存天数（天）	授精蛋孵化率（%）	延迟孵化时间（小时）
13	56	4.6
16	44	6.3
19	30	8.0
22	26	9.7
25	0	11.8

2. 种蛋的保存

新鲜种蛋及时进行孵化，其孵化率最高，雏鹅亦健壮。若不能及时孵化，必须妥善保存，以保持其新鲜品质。保存种蛋的主要条件是适宜温度，室内温度以 12~15℃ 为宜。气温过高或过低，种蛋失去孵化能力，如温度超过 25℃ 界限，胚胎即开始发育，孵化时胚胎老化而易于中途死亡，而胚胎在 4℃ 以下受冻则失去孵化价值。种蛋的孵化率还依保存时间长短而有所不同。保存期在 3 天，以内 17~18℃ 为宜；保存在 1 周以内，16~17℃ 为宜；2 周以内 10~12℃ 为宜；3 周以上 8~10℃ 为宜。贮存种蛋的室内相对湿度应维持在 70%~80%。存放种蛋的室内要求通风；种蛋的小头要向上放，每天要翻动 1 次，使蛋位转动角度达 90℃ 以上，以防蛋黄与蛋黏连（俗称钉壳）。种蛋保存条件不好、保存方法不当，对孵化效果影响极大。

种蛋由鹅舍移入蛋库，应逐渐降至上述保存温度。因此，装蛋最好用侧壁带缝隙的箱子，不宜用铁丝箱或侧壁不透气的箱子。同时蛋库要保持湿度 70%~80%。若湿度过高，种蛋易生霉；温度过低，种蛋内水分易蒸发。保存种蛋的用具和室内禁止存放农药、化肥、化工原料、煤油、汽油、烟、酒等物质。

如果种蛋保存时间较长，应将室温调至 10℃ 左右，且把蛋的大头朝下，每天翻蛋 1 次，以防胚盘与蛋壳粘连。

3. 种蛋装运

如果种蛋外运，一定要细致包装，严防震动，否则壳被震裂，蛋的系带脱落，影响种蛋孵化率。装运种蛋用具多为有格的蛋箱，每层有蛋托相隔，盛器要坚实，能承受较大压力而不变形，并有通气孔，运输时速不宜过快，选择平坦道路。冬季注意保暖，以防冻坏。用一般器具装蛋时蛋要竖放，钝端在上，每箱（筐）应注意在装蛋箱底部多铺填充物，将蛋隔开。运输途中严防雨淋和日晒，减少震动和碰撞，以免导致种蛋的气室移位，卵黄膜破裂及系带断裂等。经过长途运输的种蛋，到达目的地后要及时开箱移出种蛋，剔除破蛋，尽快消毒装盘入孵，千万不可久储。

4. 种蛋的消毒

种蛋在产出及保存过程中很容易被细菌污染，如不消毒，就会影响孵化效果，甚至可能将疾病传染给雏鹅。因此，对当天收集的以及将入孵的种蛋，必须消毒，以提高孵化率，防止小鹅瘟及其他传染病。使用的消毒方法有 2 种：

（1）熏蒸法。此法能消灭种蛋壳表层 95% 的细菌、微生物。方法是：按每立方米用高锰酸钾 15 克、福尔马林 30 毫升，加少量温水，置于密闭 24～27℃ 室温内，熏蒸半小时。盛消毒药的容器要用陶瓷器皿，先放高锰酸钾（注意不可先入福尔马林，后放高锰酸钾），后倒入福尔马林，迅速密闭门窗熏蒸。

（2）喷雾法。用0.1%的新洁尔灭溶液（5%新洁尔灭原液，加水50倍稀释），喷雾种蛋表面，也可用于清洗种蛋。新洁尔灭切忌与高锰酸钾、汞、碘、碱、肥皂等合用。

三、鹅的胚胎发育

鹅的胚胎发育分两个阶段，即在母体内蛋形成过程中发育和体外孵化过程中的发育。

1. 鹅胚在母体内的发育

卵泡成熟后，卵子排出并进入输卵管的漏斗部，卵子在此处与精子相遇受精。由于母鹅体温很适宜胚胎发育，受精卵即经过细胞分裂，形成内胚层和外胚层，形态呈圆状，即胚盘。蛋产出以后，外界气温较低，胚胎发育暂时停止。

2. 孵化期间鹅胚的发育

受精蛋入孵后，胚胎继续发育。在胚盘处内外胚层之间形成中胚层。以后由内、中、外3个胚层，分别分出胚内部分和胚外部分。胚外部分发育形成各种胚膜，胚内部分分化成胚胎的各种组织、器官。在适宜的孵化条件下，从孵化开始至出雏需要30—31天。

3. 胚膜的形成及功能

胚膜对胚胎的发育起重要作用。胚胎的营养、呼吸、排泄，都要通过胚膜实现。胚膜包括卵黄囊、尿囊、羊膜和浆膜。

（1）卵黄囊。它是最早形成的胚膜。孵化后第2天就开始逐渐包围卵黄表面。卵黄囊上出现血管，并形成卵黄囊血液循环，进入胚体。胚胎通过卵黄囊血液循环，吸取卵黄中的营养物质。卵黄囊不仅是营养器官，也是早期胚胎呼吸和造血器官。孵化后期，卵黄囊与剩余卵黄经脐部收入腹腔，出壳后1周左右被全部吸收。

（2）羊膜。在孵化的第3天覆盖胚胎头部，逐渐包围胚体。羊膜腔内充满羊水。羊水可保持早期胚胎所需的水分，并有防止黏连、缓冲震动、保护胚胎、促进胚胎运动等作用。

（3）浆膜。孵化前期，浆膜紧贴在羊膜和卵黄囊外面；随着尿囊的发育，浆膜贴到壳膜上，与尿囊外层结合，通过壳膜向胚胎提供氧气，以利胚胎呼吸。由于浆膜透明，无血管分布，打开孵蛋时，很难看到单独的浆膜。

（4）尿囊。在孵化的第5天开始发育。由胚体后端腹侧，向羊膜与卵黄囊之间伸出，迅速增大、扩展，一边与浆膜相贴，通过气室和气孔进行气体交换；另一边包围羊膜、卵黄囊，乃至整个蛋内容物。尿囊壁上有丰富的毛细血管网，胚胎通过尿囊血液循环，吸收蛋白中营养和蛋壳的矿物质供给胚胎。中后期，浆羊膜道形成，蛋白由此通道进入羊膜腔，胚胎开始吞食蛋白。尿囊以尿囊柄与肠道相连，胚胎的代谢产物排入尿囊。因此，尿囊既是胚胎的营养和呼吸器官，又是排泄器官。孵化末期，尿囊逐渐干枯，内含黄白色排泄物，出雏后残留在壳内。

4. 胚胎的发育进程

对胚胎在孵化期间的发育情况，广大的科技工作者做了深入细致的研究，逐日观察胚胎各种结构的形成和变化。我国孵坊师傅在长期生产实践中总结积累了丰富经验，现归纳于表8-3，以供检查孵化效果时参考。

四、种蛋的人工孵化条件

产蛋多的鹅抱窝性很弱或没有鹅种蛋需要人工孵化。孵化中种蛋胚胎发育需要适宜的温度、湿度和通风，并要进行翻蛋、凉蛋和入孵位置等。在孵化的不同阶段，对各种条件要求不同，孵化条件掌握的正确与否，是孵化成败的关键，因此要根据胚胎发育的生理需要，对人工孵化的条件进行严格控制。

表8-3　鹅胚胎发育进程

胚龄（天）	胚胎发育特征	照蛋所见特征
1—2	胚盘重新开始发良，器官原基出现	蛋黄白面出现一透亮的圆点，称"鱼眼珠""白光珠"
3—3.5	卵黄昂血管区出现，心脏开始跳动，血液循环开始，羊膜覆盖头部	卵黄囊血管区像樱桃，称"樱桃珠"
4.5—5	胚胎头尾分明，内脏器官形成，尿囊开始发育。卵黄因蛋白水分渗入而扩大	胚胎和周围伸展的血管像一只蚊虫，称"蚊虫珠"
5.5—6	卵黄囊血管贴着蛋壳，通过气孔进行气体交换。胚胎头部明显增大，与卵黄分离。尿囊迅速发育	蛋转动时卵黄不易转动，称"钉壳"，胚胎和血管像"小蜘蛛"
6.7—7.5	眼球内黑色素沉积，胚胎弯曲，四肢开发发育	黑色眼点明显可见，称"起珠""单珠"
8—8.5	胚胎躯干部增大，胚胎开始活动。尿囊覆盖了全部胚胎	头部和躯干部呈两个小圆团，称"双珠""电话筒"
9—9.5	羊水显著增多，胚胎开始活动。尿囊覆盖了全部胚胎	胚胎不易见，称"沉"

（续表）

胚龄（天）	胚胎发育特征	照蛋所见特征
10—10.5	四肢形成。用放大镜可见羽毛原基。胚胎活动加强，像在羊水中浮游	胚胎在羊水中活动，称"浮"
11.5—12.5	尿囊迅速向小头伸展，尿囊血管伸出卵黄。羽毛突出明显。腹腔愈合，软骨开始骨化	蛋转动时，卵黄易晃动，称"晃得动""发边"
13.5—15	尿囊血管继续伸展，在蛋的小合拢，躯体生出羽毛	除气室，整个蛋布满血管，称"合龙"
16—18	各器官进一步发育，蛋白通过将羊膜道输入羊膜腔，胚胎开始吞食蛋白	血管加粗，颜色加深
19—23	胚胎通过血液循环和消化系统吸收蛋白，生长迅速，骨化作用急剧。绒毛覆盖全身，尿囊中有白色絮状排泄物出现	小头发亮部分随胚龄增长逐日缩小，气室增大
23.5—24	蛋白全部输入羊膜腔汇总，胚胎已占满小头	光源对准小头，看不见发亮部分，称"封门"
25—26	吞食蛋白结束，胚胎全身无蛋白粘连，绒毛清爽，少量蛋黄进入腹中。胚胎转身，朝向气室端	气室向一方倾斜，称"斜口""转身"
27.5—28	胚胎大转身，颈部、翅部突入气室，卵黄大部或全部进入腹中，尿囊血管萎缩	气室内有黑影闪动，称"闪毛"
28.5—29.5	穿破壳膜伸入气室，并发出叫声，肺呼吸开始，尿囊血管枯萎，少数雏鹅出壳	蛋壳有破头，可听见叫声，称"起嘴""见嘌""啄壳"
30—31	雏鹅腹中尚有少量蛋黄，初生重为蛋重的65%~70%	大批出壳至出雏完毕

1. 温度

鹅的胚胎发育过程中各种代谢活动都是在一定温度条件下进行的，只有在适宜的温度中，鹅胚才能发育成雏鹅。掌握合适的温度是孵化成败的主要因素。温度过高或过低都会影响种蛋胚胎发育。种蛋胚胎发育各个阶段对温度的要求也不一样，一般孵化前期（种蛋孵化前 1—10 天），胚胎物质代谢处于低级阶段，本身所散发的热量也少，因此这个时期要给予较高的温度，孵化温度应保持在 37.8~38.3℃。在孵化中期特别是后期（种蛋孵化 21 天以后），随着胚龄的增长，物质代谢逐渐加强，胚胎本身散发出大量热量，因而必须给予较低的温度，应保持在 37.2~37.8℃。一般采用高-中-低的施温方法。但孵化过程中如温度过高或过低，都会影响胚胎发育，甚至造成死亡。温度过高，胚胎就会死亡；温度偏低，胚胎发育迟缓，出雏推迟。低于 25℃，经过 30 小时，胚胎就会全部死亡。孵化过程中给温标准受多种因素影响，应在给温范围内灵活掌握。孵化温度还与孵化所处季节，孵化所用孵化机的类型及入孵批次有很大关系。在进行人工孵化时，就要根据孵化机的类型、所处季节气温的高低等，大体确定一个施温的方法。

2. 湿度

种蛋在孵化过程中，湿度对胚胎发育有很大的影响。湿度对胚胎发育的作用是温度与蛋内水分蒸发和胚胎的物质代谢有关，机内湿度偏高，蛋内水分不易蒸发，破坏了胚胎的物质代谢及气体交换，有碍胚胎发育；相反，湿度过低蛋内水分蒸发过多，胚胎与蛋壳发生黏连，使尿膜囊绒毛膜复合体变干，因而也影响胚胎正常物质代谢；适当的温度不仅可以调节种蛋水分蒸发和胚胎物质代谢，温度还有导热作用，初期温度可使胚胎受热均匀，后期使胚胎散热加强；此外，湿度与胚胎的破壳有关，出雏时足够的湿度与空气中二氧化碳作用，使壳的碳酸钙变成碳酸氢钙，壳变脆，利于雏鹅破壳出雏。

因此，为了保证胚胎正常发育生长，必须保持适宜的湿度。其湿度是指孵化箱内的相对湿度。由于鹅为水禽，在孵化期处于羊水及尿囊液形成期。整个孵化期对湿度要求"两头高、中间低"。即孵化前期相对湿度以 65%～70% 为宜；孵化中期胚胎须经尿囊排除羊水和尿囊液等代谢产物，相对湿度要降低至 60%～65%；孵化后 10 天，为了防止绒毛粘连，要将相对湿度升高到 70%～75%，孵化后几天增加湿度，使雏鹅容易啄壳。如果使用有风机的大型孵化机孵化种蛋时，空气流通快，蛋内水分容易蒸发。如果不能掌握控制好机内湿度，就会影响孵化效果。

3. 通风换气

胚胎在发育过程中不断进行气体交换，吸入氧气，排出二氧化碳。在孵化全过程中为了保证气体代谢的正常进行，必须保持空气新鲜。一般孵化机内氧气含量为 21%，二氧化碳的含量是 0.5%，一氧化碳不能超过 1.5%。通风不良时胚胎发育就迟缓；超过 2%，孵化率下降，死亡率增高或出现胚位不正和畸形等现象；当二氧化碳含量达到 3%，胚胎就会中毒，出现半数以上的弱胎、死胎，所以必须给予新鲜的空气。要注意孵化器内空气的流速、路线，所以通气孔的大小、位置、进气孔打开程度都要注意。一般孵化初期，机内只有一批蛋，为了保温以及湿度平稳，可以不打开或少打开，一般可开 1/4～1/3，以后逐渐打开，出雏时全打开。

4. 翻蛋

种蛋在孵化的前中期要定时进行翻蛋，胚蛋转动变换位置可使受热均匀有利胚胎发育。种蛋入孵后 12 小时起开始翻蛋、调温直到出雏。翻蛋方法是将蛋盘的上层与下层蛋、边缘与中心蛋以及里面和外面不同层次蛋盘的蛋对调位置使种蛋受热均匀利于胚胎发育。摆放的角度和位置如下变化：一般翻蛋 90 度，前 45 度，后 45 度，每天翻蛋 8~12 次，至少 4 次。整个孵化期的前期和后期的翻蛋次数不同。前期翻蛋次数要多，而孵化至最后 3~4 天，可以停止翻蛋。种蛋在孵化期间翻蛋可避免胚胎与壳膜粘连，因卵黄含脂高，比重比较轻，总是浮在蛋的上部，易于壳接触，翻蛋可经常改变蛋的位置，使其不易于粘连，造成胚胎死亡。翻蛋有助于胚胎运动，增加活力，保持胎位正常。

5. 凉蛋

种蛋在自然孵化中，胚胎物质代谢增强，产生大量生理热。母鹅每天定时离巢，暂时停孵，可使空气流通散热，蛋温下降，对胚胎起到刺激和锻炼作用，可以增强胚胎的新陈代谢、血液循环。人工孵化晾蛋，可使孵化机彻底换气，用间歇低温保胚胎发育，增加活力，有利于后期胚胎散热，避免鹅胚因温度过高而受热死亡，提高雏鹅的出壳率及其品质。

根据上述条件，孵化室温 21~24℃，相对湿度 50%~60%，还要求空气新鲜，要避免阳光直射和受冷风侵袭。孵化室的墙壁、地面和用具要求保持清洁卫生，并定期进行消毒。

五、种蛋孵化方法

种蛋的孵化方法分自然孵化和人工孵化2种，自然孵化法是指农户普遍利用就巢母鹅抱蛋，俗称"自孵鹅"。此法设备、操作方法简单，孵化率较高，但孵化量不大，且影响母鹅产蛋。因此，多采用人工孵化法，包括我国传统火炕孵化等多种孵化法和现代机器孵化法。下面介绍几种孵化法供各地孵化雏鹅时参考。

1. 抱窝母鹅的鉴定

母鹅产蛋10~15枚后开始"恋巢"，羽毛蓬松，这时可放1枚蛋让其试孵化，待2天稳定后再入孵。入孵最好在晚上，入孵蛋的数量视鹅体大小而定，一般放孵种蛋11~12枚。并注明编号和孵化日期，利于管理。孵蛋采用稻草编成锅形，直径约45厘米或用筐篮子、纸箱代替。孵化巢内垫上柔软干净垫草，晚上将孵鹅放入孵化巢内，利于母鹅安孵。

2. 抱窝母鸡孵化雏鹅

（1）抱窝母鸡的挑选。挑选2年以上的本地产蛋耐抱母鸡。要求健壮无病、耐抱性强，动作灵活，母性温驯，离窝、回窝自动敏捷可选。当母鸡不愿离窝，不啄蛋的即可用来抱孵鹅蛋。

（2）孵化用具的准备。孵抱室要选避风、温暖、安静，光线暗的地方，室温16~22℃为宜。孵抱窝选圆箩1个，直径50厘米左右，高30厘米，窝底铺垫干稻草1层，稻草面上放20厘米左右烂棉絮或棉衣，呈浅锅底形。做好孵抱窝后，将选好的抱窝母鸡放入孵1~2天，适应环境，认可后即放入种蛋孵化，1只鸡孵10~12个蛋。种蛋要平放或大头在上。

（3）照蛋和人工翻蛋。种蛋孵化过程中通过照蛋了解胚胎发育情况和胚胎死亡原因，可及时采取正确措施来提高孵化率。通过照蛋及时剔除无精蛋、列胚蛋等。种蛋孵抱期内一般照蛋2次，通过照蛋及时剔除无精蛋、死胎蛋等，照蛋后及时并窝，同时为生产提供依据，及时调整生产计划。种蛋入孵1周后，进行第一次照蛋；16~18天进行第二次照蛋；25天进行第三次照蛋。为了提高种蛋孵化率和出雏整齐，入孵12小时后，将边蛋与心蛋对调位置以防止孵化初期胚胎与蛋壳粘连，又使蛋受热均匀，要注意人工辅助翻蛋，使孵蛋互换位置，让其受热均匀。当孵化20天后，要停止翻蛋，使胚胎得到良好的休息，有利于胚胎发育，提高孵化率。在整个翻蛋过程中要避免移动孵窝。

（4）出雏与助产。孵化到30天时，应将即将出壳的蛋拿到另外1只备好的出雏窝（一般用箩筐里放上垫草），让雏鹅自动破壳。对开始破壳的出雏鹅，每隔4~6小时，把绒毛干燥的雏鹅拣出，送到育雏室，以免被母鹅踩死，并拾出蛋壳。对蛋壳太厚，雏鹅较久不能自行出壳，可进行人工助产，将鹅大头的蛋壳撬开。助产不一定要在尿囊枯萎时进行，把鹅的头部轻拉出壳外，助产时如有出血现象应立即停止。对孵化足月、未能啄壳的弱雏，可通过照蛋或踩水，确定其头部位置，敲个小孔，撕破蛋壳膜，以免窒息死亡。由于出雏时间不一，对出壳的雏鹅待其绒毛干后，捉离母鹅，移到育雏室，避免母鹅躁动不安，踩破其他胚蛋，同时捡净蛋壳。

母鹅抱窝期内营养物质消耗过大，体质明显下降，逐渐消瘦，在孵窝过程中定时下窝喂食、饮水，下窝时种蛋表面需要覆盖棉絮。但绒毛发黄，毛稍发焦，有壳膜发干并包住胚胎，这时也要进行人工助产。助产时要轻轻剥离，一旦头颈露出，估计可自行挣脱出壳的，手术即应停止，让其自行脱壳而出。助产时遇到有流血现象应停止进行，不然会流血过多，严重时会引起雏鹅死亡或出现残雏。

（5）孵抱期内母鹅的饲养管理。孵抱期内母鹅的饲养管理　母鹅抱鹅期内体内营养物质消耗过大，体重明显下降，逐渐消瘦，若饲养管理不当，会造成离窝喂食、饮水。一定要用破棉絮、给蛋保温。下窝时种蛋表面要覆盖薄棉絮等保温，下窝时不宜过长，一般30分钟左右，再放回抱窝，保持母鹅良好体质，为下次开产做好准备。让抱鹅吃饱食、喝足水后，放进抱窝，间隔2天利用中午气温稍高时，把鹅放出来离窝1次。每次放鹅吃食，要喂饱精饲料如玉米、稻谷等，还要喂些青绿饲料和补喂适量复合饲料及清水。

3. 火炕孵化法

此法是一种传统的孵禽方法。我国北方家庭孵化小鹅多采用此法。火炕孵化法要求火炕不冒烟，散热均匀。孵化前，在炕面上垫3厘米厚的新稻草或麦秸，把几支温度计分别平放在炕头、炕中、炕稍的草上，用棉被盖严，进行1~2天的测温。温度要求达到40~41℃。注意观察温度上升的速度。以及各处温度是否均匀，烧火多少对炕温的影响等。然后把种蛋平放上面，用边条围拢盖上棉被，四周捂严（图8-4）。

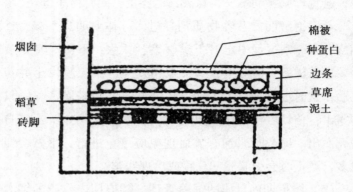

图 8-4　火炕孵化法

　　火炕也可搭摊床，摊床根据生产规模和房子大小可设 1~
2 层，2 层之间距离以操作方便为宜。摊床上铺席子，隔条围
拢，用棉被、毯子或被单把蛋盖好。摊设搭脚木，供上下摊
工作时踏脚用（图 8-5）。

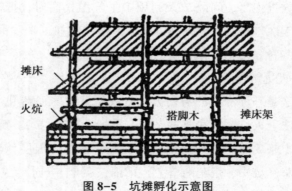

图 8-5　坑摊孵化示意图

　　掌握胚胎发育不同时期所需要的湿度和温度，是孵化成
败的关键。孵化到 1~11 天，由于胚胎内物质代谢慢，产生热

量少，温度可保持在 38.3℃ 左右，至 7~8 天时进行第一次照蛋，孵化到 11~21 天，由于胚胎物质代谢加强，体热增加，温度可低一些，保持在 36.5~37.5℃，切忌忽冷忽热，更要防止暴热。至 15 天进行第二次照蛋，由炕孵转为摊孵。如果设上下两层摊床时，应先在上摊孵，后期转入下摊。孵化后期，从 21 天直至出雏，由于胚胎产生大量的热能，可进行自温孵化。没有摊床的应将种蛋从炕头移到炕梢。至 27 天时进行第三次照蛋。火炕孵化时候，初期种蛋放在炕头，中期移到炕头，后期移到炕梢。最初盖棉被。末期盖被单。如温度不适合，可随时增减，用棉被、被单进行调整。另外有孵化经验的人将蛋面紧贴眼皮上，感觉到有些烫，温度大约为 39.4℃；有些热度但不烫，温度约为 38.3℃；温度平和，大约为 37℃。

孵化前期湿度要保持在 65%~75%；中期 55%~60%；后期 65%~75%。从孵化的第五天到啄壳开始，每天可向蛋面喷洒 40℃ 温水 2 次。湿度不够时，可向地面喷水；湿度过高时，要加强室内的通风，使水蒸气散发出去。

在孵化过程中，为了胚胎受热均匀，防止胚胎与蛋壳粘连，变动胎位，调节温度，需及时翻蛋和晾蛋。翻蛋的同时，可把炕中央和边上的蛋调换位置。自入孵开始，到破壳为止，每天都要翻蛋。初期每昼夜翻 3~4 次，中期 5~6 次，后期 7~8 次，翻蛋次数越多，孵化率越高。晾蛋不必单独进行，通过翻蛋与晾蛋，每天定时使温度降到 32~33℃，然后在 30 分钟左右使蛋面恢复到原来的温度。

出雏时，可将先出壳的雏鹅放在火炕或棉被上，盖上单被，待全身羽毛干后，放在育雏室或纸箱中饲养。对蛋壳太厚、不能自行出雏的雏鹅，可用人工助产的方法促使其出壳。但助产时间不宜过早，一般在壳膜变成黄褐色时，用锥子或小刀将蛋壳轻轻地敲 1 个黄豆粒大小的小洞，过 4~5 个小时后，再扒大点，将鹅头拉出来，放在热炕上，盖上单被或旧布，直到雏鹅自行脱离蛋壳。助产时如遇到有流血现象，应停止进行，不然会流血过多，会引起死亡。

4. 平箱孵化法

平箱孵化法是在总结我国传统的缸孵法基础上改进而成的。此法既保留土缸孵化构造简单的优点，又吸取了电孵机中翻蛋结构的特长，劳动强度轻，操作方便，蛋的破损率低，孵化效果好，不受电源限制，适合广大专业户采用，很多地方种蛋孵化已将缸孵改为平箱孵化。

（1）平箱制作。箱体大小可根据孵蛋多少而定，一般箱高 1.6 米，长与宽各为 1 米，可容鹅蛋 600 枚左右。箱体分上、下两部分，上部为蛋架，下部为热源部分。箱体可利用木料纤维板或厚纸板制成，也可由砖坯砌成。箱的四周填充弹松的废棉花。平箱上部的蛋架，上下装有活动的轴心，以使蛋架转动。蛋架分 7 层，上面 6 层放蛋筛。蛋筛是由竹蔑制成有空格的圆形筛子，外径 78 厘米，高 8 厘米。底层蛋架放置一空竹屑，也可由厚纤维代替，起缓冲温度的作用，平箱下部为热源部分，四周用砖坯砌成，底部用 3 层砖防潮，内部 4 个角用泥抹成圆形炉膛。炉膛和箱身链接处装一厚铁皮，铁板上铺一层薄草泥。如底筛蛋温高于顶筛，可再铺一层稻草灰。每个平箱下面的炉子后面开 1 个排烟孔，让烟往室外排出，保持孵化室清洁卫生。在平箱底部（即厚铁皮下面）安放1个40厘米×40厘米×8厘米的铁架，固定2组各300瓦的电热丝，用膨胀饼或控温继电器控制，组成自动控温装置。有电源时进行电热孵化，断电时可在炉膛内用柴炭、煤炉生火加热。

（2）其他用具。专供后期孵化和出雏使用的摊床，温度计及棉被、毯子、棉絮等保温物。

（3）箱体检测。入孵前要对平箱进行供热试验，检查箱内保温性能是否良好，特别要仔细检查热源与箱体连接处（厚铁皮）是否与四壁衔接紧密，以免烟气泄入箱身而影响种蛋孵化率，控温继电器是否正常和灵敏。孵化温度计也需效验。经检测，一切达到标准后方可上蛋孵化。

（4）入孵。一切准备工作就绪后，即可入孵。将种蛋平放在上面6层筛内。在箱身上、中、下层的蛋筛上各放1支孵化温度计，温度计的刻度朝上，液体玻璃球向内，用于测量蛋温，并在平箱门的玻璃窗里挂一温度计测量箱温，然后关闭箱门，准备升温。

（5）温度调控。平箱孵化的温度调控是必须掌握技术的要点。升温后，为使用温度均匀，应每隔2~3小时转筛1次，即用手轻轻将蛋架旋转180度，同时要用眼皮测温。当感到顶筛蛋面温热而不烫眼皮时（38.3℃），可进行第一次调筛。调筛顺序见表8-4。当箱温达38.9℃，顶筛蛋温用眼皮测试有温热感时，可进行第2次调筛和第1次翻蛋。待蛋温继续上升到眼皮测试有烫眼皮感时，进行第3次调筛和第二次翻蛋。经3次调筛和2次翻蛋后，整个箱内的蛋温基本达到均匀。此时抽检中层蛋，用眼皮测试如感到温度平和（38.3℃）时，即表明已达到正常温度标准了。如用电热供温，开始把箱温调到39.4℃，待中层蛋达到要求标准后，把箱内温度再逐渐降到37.8~38.9℃。

表8-4　平箱调筛顺序

调筛前的层次排列	调筛后的层次排列	备　　注
1	236 541	调筛时现将第七层空匾抽出，第六层暂放在空匾处，各筛蛋按图标顺序进行调翻。调好后，空匾放回第七层，每遍都是将顶底筛调到中间
2	365 412	
3	654 123	
4	123 654	
5	412 365	
6	541 236	

蛋温达到要求后，春秋季每天调筛翻蛋3~4次，夏季进行2~3次，将蛋筛中间的蛋和边缘的蛋互换位置，并将各层的蛋筛调换位置，并按表8-4的顺序进行。为使种蛋受热均匀，还应定期转筛，一般每隔2~3小时检查箱内温度1次，同时要用眼皮测试蛋温。发现蛋温过高过低应及时调整。平箱孵化的温度要求见表8-5。

表8-5　平箱孵化的温度要求

胚龄	箱温（℃）	蛋温（℃）	用眼皮试温	备注
1—5	39.5~40	39.5~40	有点烫眼皮	指蛋筛中间温度；鹅孵化温度稍低
6—12	38.5~39	38.5~39	有热度，但不烫眼皮	
12—21	38~38.5	38~38.5	又热度，但不烫眼皮	

（6）上摊。初上摊床时，为了防止蛋温有降低的可能，应把种蛋垒成 2~3 层，再在上面盖 3~5 层棉被，以减少热量散失来提高蛋温。待鹅蛋温达到 38℃ 左右时，即可除去棉被，降温片刻。鹅蛋孵到 17—18 天后，自温显著增高，若室温达到 25℃ 以上时，就可将种蛋从平箱移到摊床上。此后孵化阶段则以测其蛋温，调控保持孵化所需温度，一直孵至出雏。然后进行 1 次"抢摊"，目的是起到翻蛋和调温的作用。边心蛋互换位置后，用上法再进行 1 次增温，这样就使全部蛋的温度大致均匀。二次增温应在 1 天至 1 天半的时间内完成。以后逐渐降低温度，除去棉被，种蛋放平成单层。在摊床期间，根据中心蛋与边蛋的温差情况，每天翻蛋 2 次左右，翻蛋要注意边心蛋的位置互换。通过照蛋或抽样进行破壳观察，及时了解胚胎发育的情况，以便随时调整温度，保证孵化的效果。

5. 电孵机孵化法

用电孵机孵化具有效果好，易于操作管理，孵化量大等优点。适用于规模种鹅场孵化种蛋。

（1）电孵机的装置。选用小型立体孵化机，热源是装在机内后壁与风扇之间的一组 700 瓦电热丝，温湿度控制均用水银导电表通过硅控板自动控制，数码管显示，自备 10 千瓦电机组 1 套。

（2）孵化前的准备。种蛋入孵前，需要全面检查孵化机各部分性能是否正常，运行是否平稳，特别是控制系统和报警系统是否灵敏。孵化机正常运转才能使用。同时也要校验温度计，对孵化机内各处的温度进行测试。

（3）入孵方法。种蛋入孵前，先将蛋盘、水盘等用具进行消毒，然后将消毒过的新鲜种蛋的大头向上，整齐排列在蛋盘上，分批或 1 次把种蛋整箱入孵。分批入孵时，为了便于抽检和管理，蛋盘上应有不同号码的标记。整批入孵时间一般以下午 4 时为好，这样可使大批出雏时间正好排在白天，有利于出雏工作的进行。如果经低温贮存的种蛋或在寒冷季节入孵，入孵前可将种蛋约提前半天放到孵化室预温 12 小时后再行孵化。28 天放出雏盘同机出雏。

（4）温度和湿度的调节。人工孵化控制温度和湿度是孵化成败的关键技术。孵化机的温度调准后，一般还要扭动。孵化期内湿度变化调节的幅度小，并要求逐渐进行。一般要求每隔 1—2 小时检查 1 次孵化机内的湿度，每隔 4 小时记录 1 次温度。如果孵化机温度上升而超温，可适当打开孵化机门缝，以散除机内多余的热量。施温应采用变温孵化，前高后低。第 1~8 天，保持机内温度 38.3℃；第 9~16 天，保持37.8℃；第 17~24 天，保持 37.2℃；第 25~31 天，保持36.8~36.5℃。室温上升 5℃，机内温度应下调 0.2~0.3℃。由于鹅蛋个体大、蛋壳厚，在孵化开始时蛋温上升慢，加之孵化初期胚胎处于形成阶段，物质代谢处于低级过程，自身产热较少，应给予较高的温度。孵化代谢逐渐由低级向高级过程增强，尤其是鹅蛋脂肪含量较高，胚胎自身散发大量的热量。到了孵化后期，脂肪代谢加强，产热量更多，易引起鹅胚超温死亡。因此，施加温度要逐渐降低，出雏器的温度一般要比孵化机低 1℃左右。

（5）凉蛋调盘。由于鹅的胚胎发育过程中的物质代谢产生了大量的生理热。凉蛋有助于散热，促进气体交换，提高血液循环的强度。凉蛋对鹅授精蛋的孵化更具有特殊的生物学作用（寒冷季节或室温很低，可少凉或不凉蛋）。凉蛋的方法是把电热关闭，让温度自然下降。天热可开动风扇或喷水降温。

孵化机内的湿度与蛋内水分蒸发和胚胎的物质代谢有关。过高或过低都不利于胚胎正常物质的代谢。此外，湿度还有导热和调温作用。人工孵化（电孵）初期应保持较高的湿度，可使胚胎受热均匀，增加胚胎的实际受温，孵化中后期，可向蛋面喷水，可以起到散热增湿的作用。出雏时蛋壳有足够的水分与空气中的二化碳作用，使蛋壳变脆，有利于啄壳出雏。因此，电孵的适宜湿度分为"高—中—高"3个阶段，即入孵 1~16 天，相对湿度 60%~65%，17~25 天为 55%，26~31 天为 70%~75%。孵化 28 天的蛋转入出雏器孵化，应注意增大通风量和适当增加湿度。

（6）翻蛋、照蛋。翻蛋结合照蛋，可将蛋盘的上和下，里和外的层次对调，使种蛋受热更加均匀，增加其调节温度的能力，提高孵化率和雏鹅的品种质量。为了保持翻蛋效果，一般每昼夜可翻蛋 4~12 次或每小时 1 次，机器孵化翻蛋一般 6~12 次为宜。翻蛋角度 45~90 度。照蛋孵化期一般照 2 次（第 8 天，第 14 天），也有的在 24 天时再照 1 次。头照剔出无精蛋和死胚蛋，可供食用，并调整蛋盘，提高孵化量。2 照时取出死胚蛋和破碎蛋，以免发臭而污染孵化机内的空气。

（7）出雏。鹅蛋孵化到 27~28 天，把孵蛋转入出雏器内继续孵至出壳，称为落盘。鹅蛋 31 天后开始大批破壳出雏。

出雏开始时，关闭机内照明灯，以减少雏鹅的骚动。这时应把蛋壳捡出来，把脐部收缩良好、绒毛已干的雏鹅捡出来，每隔 4 小时左右捡雏 1 次。留在出雏机内仍未破壳的胚蛋，可将出雏机内温度适当提高 1℃ 左右，以利于胚蛋尽快破壳出雏。

如雏鹅出壳较大而未能出壳，可进行人工助产，但一定要在尿囊枯萎时进行。把雏鹅头部轻拉出壳外，如助产时有出血现象应立即停止。对孵化足月未能出壳的弱雏，可通过照蛋确定其头部位置，敲个小孔，撕破蛋壳膜，以免窒息死亡。由于雏鹅出壳时间不一，对出壳的雏鹅待其绒毛干后，移出母鹅孵窝，转到育雏室，避免母鹅躁动不安，踩破其他胚蛋，同时捡净蛋壳。

（8）人工辅助破壳。对孵蛋中的一些蛋壳太厚而不能自行出壳的雏鹅，需要人工辅助破壳促使雏鹅出壳，有效地提高孵化率。人工破壳的时间不宜过早，一般在壳膜变成黄褐色时进行。用锥子或小刀将蛋壳轻轻地剜 1 个黄豆粒大小的小孔，过 4—5 小时后，再扩大啄口，拉出鹅头，让其自行挣脱出壳。切不可撕破内膜以引起出血。对个别啄壳有困难的，可将壳顶部轻轻撕开，将雏鹅头拉出壳。鹅体如留蛋壳内，见其头部绒毛干后，双眼已睁开，鹅身不能挣脱蛋壳时，可将鹅身慢慢拉出蛋壳外。如破壳已超过 1/3，但绒毛发黄，毛梢发焦，有的壳膜发干并包住胚胎，这时要轻轻剥离。遇到壳膜发干时，可用温水湿润后再进行剥离。一旦头颈露出，尽量让它自行挣脱出完。出雏结束后，应抽出蛋盘出雏器，彻底进行清洗、消毒和晒干，以备下次孵化使用。

（9）停电处理。大型孵化厂自备发电机，以防止外来电源一旦中断时可自行供电。孵化室应备有加温的火炉和火墙。孵化期间应与供电部门取得联系。如果临时停电而不超过几小时，则不必生火加温，停电在 15 小时以内的，可将机门通风孔关闭，防止机内温度过分下降。室温低时，将火炉烧起，停电时使室内温度达 37℃ 左右（孵化器上部），打开全部机门，每隔 15~20 分钟应转蛋 1 次，保证上下温度均匀。同时在地面上喷洒热水，以调节湿度。停电时不可立即关闭通气孔，每隔 2~3 小时把机门打开半边，拨动风扇吹 2~3 分钟，驱散机内积热，以免器内上部的孵蛋因过热烧死胚胎。如机内有 17 天的种蛋，应提早落盘，以免胚胎发热量大而被闷死在机内。采用以上措施，一般不会影响孵化率、出雏率。

（10）孵化记录。为了便于对孵化工作成绩进行总结和分析，种蛋的孵化效果必须及时记录，记录各种种蛋的有关情况和资料，便于查考，使种蛋孵化工作能正常进行。记录每次孵化上蛋的日期、蛋数、种蛋来源，历次照蛋情况，孵化结果，孵化期内的温度变化等内容。

六、种蛋孵化效果的检查方法

在整个孵化过程中，要对照蛋捡出的无精蛋、破蛋，出雏的健雏率、残弱雏数及死胚数等作出完整的记录，并按下列各主要孵化性能指标进行统计分析，以便更好地指导孵化工作和种鹅的饲养管理。

1. 授精率

指授精蛋数占入孵蛋数的百分比，受精蛋包括活胚蛋和死胚蛋，一般水平应在90%以上。

2. 早期死胚率

指1~5胚龄死胚数占授精蛋数的百分比。孵蛋前期胚胎生长迅速，胚胎生理变化剧烈，各种胎膜相继形成但功能尚不完善，胚胎对外界环境敏感，若通风换气受热不均，散热不好。稍有不适胚胎发育受阻，引起胚胎死亡。通常统计头照（5胚龄）时的死胚数，正常水平在1%~2.5%范围内。

3. 受精蛋的孵化率

指出雏的全部雏禽数占受精蛋数的百分比。出雏的雏禽数包括健雏、残弱雏和死雏。此项是衡量孵化效果的主要指标，高水平应达92%以上。

4. 入孵蛋的孵化率

指出雏的全部雏鹅数占入孵蛋数的百分比。该项反映种鹅饲养与种蛋孵化的综合水平，高水平可达87%以上。

5. 健雏率

指健雏数占出雏的全部雏鹅数的百分比。高水平应达98%以上。

6. 死胚率

指死胚蛋数占受精蛋数的百分比，死胚蛋俗称"毛蛋"。一般指出雏结束后扫盘时的未出雏的种蛋。

实际孵化过程是很复杂的，有大量因素会影响孵化效果，主要影响孵化效果的因素是种鹅质量、种蛋管理、孵化条件和孵化技术三大方面，要获得最高的孵化率，必须熟知这些因素对孵化效果的影响，并掌握创造最适宜的孵化方法和采取有效措施来提高孵化率。

七、鹅摽蛋的运输

鹅摽蛋就是把孵化后期将近出壳的鹅种蛋，借助人工技术，从一个地方运送到另一个地方去出雏，以代替运送雏鹅的方法，解决缺少鹅源的困难。利用摽蛋方法运输雏鹅，管理方便、损失小，还能节省大量的运输工具、运费、人力和物资。这种方法为我国农村广泛使用。

鹅摽蛋的运输应以春夏之交为最适宜，只要加强管理、保温得当，可以全年摽运。在运输过程中，可用大竹篮或柳条筐装蛋。先在筐或篮底铺些柔软的垫草，约3厘米厚，然后放蛋。冬天或早春摽蛋时，外界气温低，应将筐的四壁用纸糊好，放入筐中的摽蛋应重叠多层，筐也应重叠放起。如果气温过低或温度不够时，筐上应盖棉被保温。还要防止边蛋和上层蛋受凉、中间蛋和底层蛋过热，每天翻蛋2~3次；夏天摽蛋时要防止蛋温过高。蛋温过高时，可将筐盖全部敞开，让过多的热量散发，必要时还可向蛋面喷泼凉水，以便降温。

运送日期以出雏前运送到目的地为宜。如路程在1~2天可到，鹅摽蛋可在孵化的第22~23天起运，也可提早2天运送。

鹅摽蛋到达目的地后，先进行验蛋，淘汰途中死去的胚蛋，以免影响正常蛋的孵化率。验蛋后即上摊或入出雏机孵化出雏。雏鹅破壳时，一般要向蛋面喷洒温水，增加湿度以防绒毛与蛋壳粘连。雏鹅出壳待绒毛干后，即可拣入筐中，置于保温室内进行饲养管理。

八、雏鹅的管理

刚出壳的雏鹅体温调节功能较弱，外界温度的变化对它影响很大。因此，对绒毛稀的雏鹅要按体质强弱分群饲养管理，尤其要注意保温（28~30℃），同时做好防湿工作。保温期的长短，要根据季节以及雏鹅的日龄和体质强弱而定。一般7日龄的雏鹅保持温度29℃；14日龄25℃；21日龄20℃。但还应视雏鹅的动态、叫声和吃食状况随时调整，原则上以雏鹅不拥挤、不打堆，吃食正常为宜。如见雏鹅喘气、饮水量过大，应适当降低温度。农村没有电源条件的地方可利用箩筐、木桶、纸箱等做育雏保温用具，内铺垫草。注意不要把覆盖物盖得太严密，防止不透气而闷死雏鹅。保温用具最好是圆形的，如用有棱角的保温用具，应用垫草将棱角做成圆形，避免雏鹅挤死、挤伤。一般出壳后需保温2~3周，冷天长，热天短，相对湿度应维持在60%~65%。出壳毛干后24小时，如见雏鹅站立起来，头颈前伸，张嘴寻食，有微小的叫声时便可开食。开食前先喂几滴0.1%的淡红色高锰酸钾水，注意逐只喂到。开食时，用塑料布或草席铺平作食垫，将浸泡过或蒸煮过的碎玉米撒在食垫上，用手敲打有饲料的地方教食。见雏鹅会吃食后，将韭菜切碎拌在饲料中饲喂，连喂3天（以预防肠道疾病）。还可将青菜叶子切成丝状撒在鹅背上，让雏鹅相互追逐、跳跃，以增加雏鹅运动。第4天开始喂配合饲料，可用熟玉米30%，糠饼15%，青菜55%，每百只雏鹅的饲料中加 1 个熟鸡蛋黄拌匀饲喂。1 周龄雏鹅每日喂 8 次，2 周龄喂 6 次，3 周龄喂 5 次。喂食量可随日龄的增加而逐渐增加，每次让雏鹅吃到 7~8 成饱为宜，做到少吃多餐。出壳雏鹅没有自卫能力，容易受蛇害、鼠害和野兽的侵害，必须对雏鹅加强管理和防护。

第九章 鹅常见病的防治

第一节 鹅病的预防

防治鹅病，应贯彻执行"防重于治"的方针，预防鹅病应采取综合性防治措施，切实搞好饲养管理环境鹅舍、饲料、饮水与用具卫生消毒，开展防疫、检疫、定期驱虫等防止鹅病的发生和流行，对于保证全群鹅的健康生长具有重要意义。

一、加强饲养放牧管理

鹅病的发生与鹅的体质强弱有关，而鹅的体质强弱与鹅的营养状况有着直接的关系，营养不足会引起相应的缺乏症。因此要按其不同生长阶段的营养需要，科学搭配全价饲料，营养全面，合理补充微量元素、维生素和添加防病抗病药物。喂饲还应定时、定量，不吃霉烂变质的饲料等，并保证足够的清洁饮水。幼鹅应加强放游活动，使其体质得到锻炼。同时注意饲养场的清洁卫生。圈舍要经常打扫，要经常消毒，保持空气新鲜，对鹅舍特别是密集养鹅的，要控制适当的温度、光照、通风和饲养官密度。创造良好的生活环境，增加放牧运动时间，采取科学的饲养管理方法，孵化育雏各环节做到科学、合理精细，以增强鹅体的抗病能力。平时要注意防寒和保温，及时清洁，饲料中添加抗菌素，防止流行性感冒和大肠杆菌病的发生。此外，应减少应激反应，避免影响鹅的生长和健康。

二、适时接种疫苗，增强特异性免疫力

对常见的几种传染病需严格执行免疫计划，必须遵照免疫程序，严格按照使用说明书逐只进行疫苗注射。以增强鹅体的特异免疫力。鹅在 2 月龄时开始注射禽巴氏杆菌弱毒苗，每只鹅皮下注射 2 毫升，每 3—5 个月接种 1 次。母鹅在产蛋前 1 个月，接种小鹅瘟疫苗，每只用 1∶100 稀释，肌内注射 1 毫升，每年注射 1 次。接种疫苗时必须注意疫苗须低温保存运输，按说明书使用，注射针头须经消毒，最好 1 鹅换 1 个针头，用过的注射器还必须经过清洗、晾干、煮沸后再用。用此疫苗接种成年母鹅，1 个月后母鹅产生免疫力，此时留的种蛋内含有抗体，孵化出的雏鹅可以获得被动免疫，加强雏鹅对疫病的抵抗。此外，用左旋咪唑、丙硫苯咪唑或者阿维菌素等高效、低毒的驱虫药驱除体内寄生虫。可有效地预防传染病的发生。

疫（菌）苗运输注意事项：各种疫（菌）苗运送中要避免高温和直射阳光，尤其活疫（菌）苗更容易受高温影响而降低效力。因此，一般活疫（菌）苗必须在低温条件下运送。

少量活疫（菌）苗运送时，可利用广口保温瓶，瓶内放进冰块或井水降温；运送大量活疫（菌）苗时，可用冷藏车或将疫（菌）苗装入有冰块的保温瓶内或其他隔温容器内，再装箱运送。

三、严格检疫制度

引进本场的雏鹅和种鹅必须来自健康和高产的种鹅群，为防止由国内外引进鹅只时发生的传染病疫情扩散和蔓延，必须严格进行国境检疫、交通检疫、市场检疫和屠宰场检验等。通过各种诊断方法对鹅及其产品进行疫病检查与检验，及时查找出病鹅，并采取措施对疫区进行封锁、隔离及处理病鹅等。外来鹅未经隔离观察，不得混入原来的鹅群。严格处理病死鹅焚尸或深埋。其目的是消灭病原体，防止疫病的发生和散播。对鹅群要经常观察检查健康状况，对疾病做到"早发现，早治疗"。发现患有传染病的病鹅必须隔离治疗或淘汰。

四、搞好鹅场的隔离消毒

鹅场消毒是预防鹅病发生和阻止疫病蔓延的一项极其重要的预防措施。建立定期消毒制度，消毒范围应包括鹅场的鹅舍、运动场、饲养设备（料槽、饮水器等）、孵化室和孵化器具都要定期清洗保持卫生，并做到每月对鹅场环境消毒1次，每周对鹅舍、用具消毒2次。育雏前对种蛋和育雏室要进行彻底消毒，消灭病原体，确保出壳雏鹅健康。其方法是：先把育雏室打扫干净，四周墙壁用 10%~20% 的石灰乳粉刷；地面用 1%~2% 热碱水喷洒，过 6 小时后，用清水冲洗。食槽和饮水器等用具用 3%~5% 来苏儿溶液消毒，室内每立方米空间用福尔马林 20 毫升、热水 20 毫升和高锰酸钾 10 克混合熏蒸，密闭 12 小时后，打开门窗通风，排出药物气味后方可育雏。

为了防止疫病蔓延，必须定期严格预防消毒。鹅场、鹅舍入口处要设消毒池大门口消毒池的大小为 3.5 米×2.5 米放置消毒液应能对车轮进行消毒。该消毒池旁边另设行人消毒池，供管理人员进出使用。进入鹅场生产区人员一律换上场内已消毒的工作服，然后方可进入鹅场。消毒对象包括一切可能被病原体污染的饲料、饮水、用具、粪便、衣物、车辆、种蛋、孵化育雏设备。消毒方法包括机械、物理、化学和生物消毒法 4 种，机械消毒如清扫、洗刷、通风；物理消毒法如高温热力消毒灭菌、干燥、阳光暴晒或紫外线照射消毒；化学消毒法可用化学药液消毒剂进行喷洒或浸泡消毒。选择消毒剂和消毒方法是要根据病原体特性、消毒对象的经济价值（成本低）及现有条件进行，一般每隔 5~7 天用 0.2% 百毒杀（双链季钠盐消毒剂）等强效、速效、长效、广谱、低毒消毒制剂喷洒 1 次。不易清洗或不易用药物喷洒消毒的孵化器、育雏室等，可用福尔马林气体熏蒸消毒。

选择的消毒药物须注意具有杀菌力强，见效快，易溶于水，对人、畜无害，在空气中稳定，对消毒对象无损坏，不遗留污染，价格便宜，使用方便等特点。农村常用的消毒剂有 2% 烧碱水，草木灰水（浓度为 5%~10% 溶液）10% 石灰乳，3%来苏儿，0.1%新洁尔灭，等（表）。

表　养鹅场常用消毒药品及使用方法

药品名称	应用范围及作用	消毒方法	注意事项
生石灰	消毒地面、墙壁、用具、粪便等，可杀死多种传染病菌及抑制球虫卵和蛔虫卵的发育	新配10%~20%石灰水趁热使用，也可用生石灰撒地面	有一定腐蚀性，消毒等干后才能使用
烧碱	消毒地面、墙壁、用具、粪便，对杀灭病毒最有效	1%~3%热水溶液	有腐蚀性，用具消毒后要用清水洗净使用
草木灰	代替烧碱，但效力比烧碱差	30%热草木灰水	
来苏儿	消毒地面、墙壁、用具、粪便等，可杀死一般细菌和某些病毒	1%~2%稀释液	
新洁尔灭	消毒地面、墙壁、用具、粪便等，可杀死一般细菌和某些病毒	0.1%的水溶液	可与碱性、碘、高锰酸钾兼用
高锰酸钾	强氧化剂，杀菌很强，可作种蛋消毒，雏鹅饮水	0.05%~0.1%溶液	宜现用现配
福尔马林	消毒鹅舍、用具、孵化室、育雏室，能杀死细菌、芽胞和多种疫毒	1%~5%溶液消毒，常用于熏蒸消毒	熏蒸时门窗关闭，人鹅离开
漂白粉	消毒地面、墙壁	3%水溶液	

　　生物消毒法即利用某些厌氧微生物对鹅场粪便、垃圾、垫物和病死鹅尸体运到鹅场外百米处地面堆成一堆，外盖10~20厘米厚的土层泥封，经过1~2个月时间发酵，堆内温度可达60~70℃，堆中的微生物可被杀灭，而堆积物成为优质农家有机肥。

　　病鹅治愈后要观察、检查，因其中有些无临床症状，甚至治愈康复，也可能是短期或长期的带菌者，对这些治愈康复病鹅不能轻易与健康鹅群混合饲养，必须观察 1 周时间，确实痊愈无菌者才能合群饲养，以免旧病复发或散布病原而危害大群健鹅。

第二节 鹅病防治投药法

雏病鹅投药应根据药物特点、鹅的生理或病理状况及其具体条件，选择简便有效的投药方法。给病鹅投药要求保定，做到用药物剂量准确安全，才能有效地防治鹅病。常用给病鹅投药有以下几种方法：

一、口服法

不适于群体混饲，饮水和注射给药的均可用此法。多在鹅病需紧急治疗时采用，用药剂量应准确。片剂、水剂、丸剂等药物都可以采用，投药时的保定要确实。投药方法是将药物研成小块或加少量水，塞进或滴进鹅喙里，随后即用滴管滴 1 滴水，或将定量药液吸入滴管滴入喙口内让其吞下，让鹅自由咽下；若水剂，待鹅药物口服后经胃肠道发挥局部作用。

1. 水剂

喂鹅小剂量的水剂药液时，助手将鹅保定后，术者以左手拇指和食指促住鹅的头，使之稍向上向外侧倒，使喙张开，然后将药液装入滴管内滴入病鹅喙口内。防治鹅群用大剂量等药液时，可将药液拌在饮水里代替饮水，装在盛药搪瓷制品等容器饮用，避免发生化学反应，减低药效或产生中毒。

2. 片剂、丸剂

太大的片剂药物可压碎成粉末，直接投在鹅舌上，使鹅头呈 45 度角自动咽下，也可将粉末装入胶囊，或粘在馒头、米饭上喂食。

3. 粉剂

粉剂药物可混入少量水中，采用水剂投药方法进行喂药。在干粉料在加药等方法给鹅喂药。加进的药物用量必须准确，并在饲料中拌匀后喂服，防止造成药物中毒，引起鹅只大批死亡。拌时，可先将所需等药物称好，加入少量饲料中，反复地搅拌，如此重复 2~3 次，最后在料堆上反复翻倒 2~3 次。

二、混饲给药法

适用于鹅群体防病，需要几天、几周甚至几个月等长期性投药，以及不溶于水，适口性差等药物投给。投药方法是将药物按一定比例均匀地混入饲料中，在鹅类喂饲的同时将药吃进。这种给药的方法应准确计算用药量，药物与饲料混合要均匀，防止造成中毒。并注意饲料中其他添加成分同药物的拮抗关系，以防降低药效。

三、混水给药法

这种给药法一般是选择完全溶于水的药物让鹅饮用。适用于鹅群体防病免疫接种，以及短期和紧急治疗投药的免疫方法。给药方法是将药物溶解于水中，让鹅自由饮进体内。注意掌握用药量和给药时间的长短，所给的饲料及水要少，能使鹅 1 次饮进为度。给药一般宜在早晨第 1 次给食时进行，给药后充分供给清洁饮水，以满足其体需要。

四、雾气法

此法是通过呼吸道吸入或作用于皮肤黏膜的一种给药法。多用于鹅群体免疫给药，如新城疫 II 系疫苗，以及呼吸系统病的防治投药。喷雾投药是用气雾发出器将溶于洁净水的药物或稀释好的疫苗以气雾的形式喷出，雾化粒子均匀地漂浮在空气中，随鹅呼吸而进入体内。该投药法给药应注意喷出的雾粒要大小适中而均匀，一般要求在喷雾中有 70% 以上直径的 1~10 微米的雾化粒子。喷雾时要密闭门窗，20 分钟后方可开启门窗。选择的药物吸湿性要慢，使微粒子分布于呼吸道上部。

五、药浴法

此投药法多用于防治鹅体外寄生虫病。投药方法是把适量的药物加入到水中配成一定的浓度，放置在便于操作的容器中，进行药浴时务必掌握好药物用量和浓度，并将鹅头部露出水面。将需要治疗的鹅体患部进行药浴。

六、砂浴法

此投药法多用于防治鹅体外寄生虫病。砂浴方法是在鹅运动场修建一浅池，池中放入拌有药物的砂子（或木屑），砂子厚约10~20厘米，让鹅自行在砂池中爬卧、扑动。注意砂浴时要将药物与砂子搅拌均匀，禁用对鹅敏感药物，如敌百虫等。防止鹅啄食药物，以免中毒。

七、注射给药法

注射给药法常用于防治各种疾病和免疫接种等投药。其方法是将药物用注射器直接注入鹅体皮下、肌内、静脉或嗉囊内等给药方法。药物注射方法如下。

1. 皮下注射

将药液注射于皮下疏松组织中，常用于药物用量小，无刺激性且易溶解的药物、疫苗或血清注射。

2. 肌内注射

肌内注射可用于刺激性较强或较难吸收的药物。药物吸收速度较快，药物作用比较稳定。肌内注射部位在鹅的翼根内侧、胸部肌肉和腿部外侧肌肉。

3. 静脉注射

将药液直接缓慢注入鹅体静脉内，适用于要求作用快、急救且用药量大或有刺激性的水剂注射及高渗溶液。静脉注射部位在鹅翼下静脉基部。静注后药效奏效速度快，但排出也快。

4. 嗉囊注射

此注射法用于对口咽有刺激性的药物及有暂时性吞咽障碍的病鹅投药。注射方法是注射针头由上向下刺入鹅颈右侧，距左翅基部 1 厘米处的嗉囊内。注射要求药物剂量要准确，针头不可刺入过深。

八、滴鼻、滴眼给药法

多用于鹅体的免疫接种，用严格消毒的滴管将疫苗和药物滴入鹅鼻、眼内。通过眼结膜或呼吸道黏膜而使药物进入鹅体的方法。

九、羽毛囊涂擦给药

多用于 10 周龄时准备产蛋的鹅及种鹅正常接种。换羽期鹅和羽毛尚未长好的幼鹅，不宜用此投药法。此投药方法是在鹅类的小腿前侧朝胸部用小毛刷和棉签蘸取疫苗逆向涂擦进毛囊内。

第三节　鹅常见传染病

一、小鹅瘟

小鹅瘟又称小鹅病毒性肠炎，是由于鹅瘟病毒引起的一种雏鹅急性或亚急性败血性传染病。临床特征主要是严重下痢和有时出现神经症状，以发生渗出性肠炎为主要病理变化，大片坏死，脱落和凝固物在小肠中段和后段肠腔形成栓，堵塞肠腔。病原存在于病鹅的肝、脾、肠道、脑组织、血液和其他组织中。病雏鹅和带毒成年鹅是本病的传染源。本病的主要传染途径是消化道，病雏鹅可随分泌物、排泄物排出病毒，污染饲料、饮水、用具及环境，主要经消化道传染给健康雏鹅。此外，带病毒的种蛋和孵出的带毒雏及死胚胎都是病原的传播者。本病流行于4~20日龄的雏鹅群中，出壳后2~5日龄开始发病，以5~20日龄发病最多，病死率达75%~100%，20日龄以上的雏鹅很少发病。本病不论性别、品种，都表现出明显的季节性（主要发生于产蛋季节）。25日龄以上的极少发病。成年鹅对本病毒有较强的抵抗力，感染后不显病状，其他家禽，均不易感染。患病后痊愈的雏鹅，因获得被动免疫，能抵抗自然感染或人工感染，不会再发小鹅瘟。本病一年四季均可发生，本病流行有明显的季节性，但主要流行于冬春季。

1. 症状

潜伏期为3~5天。

最急性型：出壳后3~10日龄发病的雏鹅多呈现无先期症状，有时不见异常而突然死亡。日龄较大者病程较长，往往2~3天。

急性型：一般雏鹅感染急性型多见于5~10日龄内。雏鹅主要表现精神委顿、缩颈蹲伏、离群独处，羽毛蓬松，不愿行走，不食，渴欲增多。喙端和蹼色变暗，摇头，口角有液体流出，嗉囊内存有气体或液体，鼻孔流出浆液性分泌物。

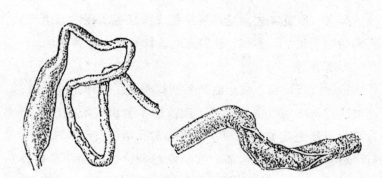

图 9-1 小鹅瘟-病鹅小肠显著膨大（左）
病鹅小肠剖面显示堵塞肠腔的栓子状物（右）

严重下痢，排出的粪便呈黄白色或黄绿色水样的稀粪，并混有气泡或假膜，污染肛门周围。临死前时有神经症状，两腿麻痹，颈部扭转，全身抽搐，病程 1—2 天，最后衰竭死亡。

亚急性型：多见于 15 日龄以上雏鹅，在流行后期，主要表现精神不振，不愿走动，呆立、厌食或很少吃食、消瘦，腹泻，少数有条状香肠样、表面有假膜的硬性粪便排出。雏鹅病在流行后期症状较轻，病程较长，可持续 3~7 天以上，有少数病鹅可以自然康复，但生长不良。

2. 剖检

主要病变在消化道。死于最急性型的病雏鹅，病变不明显，只是小肠黏膜肿胀、充血和出现败血性症状。急性特征性病变是小肠的中、后段病变尤为明显，外观变得极度膨大，体积比正常的增大 2~3 倍，质地坚实，状如香肠（图 9-1）。剪开肠管可见肠壁变薄，肠黏膜坏死、脱落和纤维素渗出凝固物，充塞肠腔，形成栓子（图 9-1）。这是本病的特征性病变。其次，肝脏肿大，呈现暗紫色或黄红色。胆囊显著膨大，充满暗绿色胆汁。脾脏、胰脏充血，偶有灰白色坏死灶。

3. 诊断

根据流行特点、临床症状和剖检病变，可作出初步诊断。还要注意与小鹅流感鉴别。小鹅流感主要以呼吸系统病患为特征，消化道病变不明显。仅见鼻腔、喉、气管、支气管内有半透明的黏液。确诊需要实验室诊断，进行病原学检查和血清学试验。在缺乏设备的条件下，可直接采取病鹅肝组织磨碎制成混悬液，加抗菌素无菌处理后，接种 14 日龄鹅胚绒尿液，经 5~6 日龄后鹅胚死亡，吸取尿液，经检验证明无菌后，再接种有易感性雏鹅，并用已用注射抗小鹅血清数只雏鹅，同时接种同样量的尿液对照试验，判断结果。如果易感雏鹅死亡，对照鹅不发病即可确诊此病。

4. 防治方法

（1）预防。目前对本病用各种抗生素药物、化学制剂及中草药等治疗此病，均无疗效，尚无特效药物治疗。所以预防控制本病发生和流行必须采取以下综合防治措施。

①尽量做到自繁自养：孵坊中的一切用具、设备于使用后必须清洗消毒。种蛋最好经甲醛、熏、蒸消毒。刚出壳的雏鹅防止与新购入的种鹅接触，育雏室定期消毒。不到疫区购买引进鹅苗和种蛋，如果确需从外地购买鹅种时，供应地区必须无小鹅瘟流行，并进行严格检疫。母鹅在产蛋 1 个月，每羽应注射 1：100 倍稀释的小鹅瘟疫苗 1 毫升，免疫期 300 天，每年免疫 1 次。新购进的鹅苗必须隔离饲养，观察 20 天至 1 个月，证明无病时，方可与其他健康鹅混群饲养。在本

病流行地区未经免疫种蛋所孵出的雏鹅每只皮下注射 0.5 毫升抗小鹅瘟血清，保护率达 90% 以上。

②严格执行消毒卫生制度：孵化室一切用具和设备，在每次使用前后必须用福尔马林熏蒸消毒。熏蒸消毒方法是：关闭门窗，每立方米用 30 毫升甲醛加高锰酸钾 15 克，消毒 1—2 小时。育雏室、鹅舍要勤打扫，保持清洁。此外，孵化室用具定期用 2% 烧碱液或 0.2% 生石灰液或 30% 热草木灰水消毒。刚出壳雏鹅防止与新购入种蛋接触。

③免疫接种：母鹅群免疫注射，是目前预防小鹅瘟最有效、最经济的措施。方法是在母鹅产蛋前 25 ~ 30 天和开产后的 15 ~ 20 天，注射小鹅瘟疫苗，用生理盐水稀释 100 倍，每只鹅胸肌注射 1 毫升，1 个月后母鹅即具有较高的免疫力。免疫期 300 天，注射后 2 周免疫母鹅所产的蛋，内含有抗体，孵出的雏鹅能获得很强的免疫力，抵抗小鹅瘟。如果种母鹅未注射过小鹅瘟疫苗，应对其孵出的雏鹅每只注射 0.1 毫升小鹅瘟疫苗，对本病有良好的预防效果。

④对已发病的地区与鹅场：必须立即采取严格的隔离与封锁措施，防止疫病的蔓延。对雏鹅出壳后 3 ~ 10 天发生小鹅瘟紧急防治。

（2）治疗。目前对本病尚无特效药物治疗，对发病初期的雏鹅群可用以下疗法试治：①逐只注射小鹅瘟血清紧急防治：每只每次胸肌注射 2 ~ 3 毫升。也可用小鹅瘟康复鹅的新鲜血液加入 1/10 浓度为 2.5% ~ 5% 的柠檬酸钠溶液，每羽小鹅颈下注射 1.5 ~ 2.5 毫升，24 小时后再注射 1 次，能收到好的防治效果。②病初：用中草药马齿苋 120 克、黄连 50 克、黄芩 80 克、黄柏 80 克、连翘 75 克、双花 85 克、白芍 70 克、地榆 90 克、栀子 70 克，加清水共煎取药液和米粉饲喂 200 只病鹅治疗，也有一定疗效；或每 10 只小鹅每天用鲜半边莲 50~100 克，加冷水捣烂取汁，再加豆肉蔻 15~25 克、大风藤 20~30 克、砂仁 3~5 克，或下痢不止或寒冷阴雨，再加肉桂 3 克、鸡矢藤 5~10 克，加清水共煎，最后再将上述 2 种药液浸米或米粉研成浆喂病鹅，或用板蓝根、大青叶、黄连、黄柏、知母、穿心莲各 50 克，鲜白茅根、鲜马齿苋各 500 克，水煎去渣，供 500 雏鹅拌料饲用或饮用，每天 1 剂，连服 2—3 天。③患病鹅感染其他细菌性疫病：每羽小鹅肌注 1 000~2 000单位庆大霉素，早晚各 1 次，隔 2 天后再连用 2—3 天。

■ 二、禽霍乱

禽霍乱又称禽巴氏杆菌病或鹅出血性败血病。禽霍乱是由一种禽多杀性巴氏杆菌引起的鸡、鸭、鹅共患的一种急性败血性为特征的传染病。病原体主要存在于病鹅的呼吸道、消化道等内脏、血液、粪便和分泌物中，可以通过消化道、呼吸道传染。有些昆虫如苍蝇也传播禽巴氏杆菌病。病鹅的尸体、粪便、分泌物、排泄物和被污染的场地、饲料、饮水、用具等都是本病的主要传染源。鹅群饲养管理不当、营养缺乏、长途运输、天气突变、阴雨潮湿以及鹅舍通风不良等因素能促使本病发生和流行。外购病鹅或处在潜伏期的家禽都可带入本病。不同年龄鹅都能感染，仔鹅发病和死亡率较成年鹅严重，常以急性为主。本病散发性流行，有时呈地方性流行，1年4季均可发病。一般以秋季9—11月流行较重，种鹅常见于春夏季产蛋期流行本病，发病快、死亡率很高。

1. 症状

本病临床上可分为最急性、急性或慢性3型。

（1）最急性型。病程很短，往往见不到前期症状就倒地，扑动几下双翼，死亡。

（2）急性型。病鹅精神委顿，羽毛松乱，两翅下垂，缩头闭眼打瞌睡，不愿活动，也不愿下水游泳，离群独处，体温升高42.3~43℃，食欲减少或废绝，口渴、恶臭，口、鼻流出泡沫黏液，呼吸急促，剧烈下痢，排出灰白色或灰黄色恶臭稀粪。有时粪中混有血液，喉头有黏稠分泌物，喙和蹼发紫，眼结膜有出血斑点。病鹅曲颈于背2—3天，痉挛或昏迷死亡。

（3）慢性型。此型多为急性病的后期不死转变而来，病鹅持续性腹泻，体质逐渐消瘦、贫血，有的病鹅关节肿胀、跛行、呼吸困难。病程可延到数周或1月以上，因衰竭死亡，或康复带菌，但生长迟缓，对母鹅产蛋率有较大影响。

2. 剖检

最急性型往往见不到特征性病变。急性型者肝脏肿大、呈土黄色、质脆弱，表面散布有针尖大出血点和灰白色坏死点。脾稍肿大、质地柔软、腹膜、肠道黏膜、心外膜、肺充血和出血点；心包腔内有浆液性渗出物，肠道尤其是十二指肠出现卡他性出血性肠炎，盲肠黏膜有小溃疡灶，腹腔内有纤维素渗出物。慢性型常见鼻腔、鼻窦和支气管卡他性炎症，并有黏液性渗出物。有的可见关节肿大变形，关节表面粗糙。关节腔内蓄积有1种混浊或干酪样的渗出物，肝脏有脂肪变性或坏死灶。公鹅肉髯肿大。

3. 诊断

根据流行特点和临床特征，结合剖检特征性病变等，即可作出初步诊断。但必须注意与副伤寒、大肠杆菌、副大肠杆菌病和螺旋体病相区别。确诊还应进行实验室病原学检查和血清学试验诊断，一般采用涂片镜检。方法是采取病鹅的心血或肝组织涂片，革兰氏染色显微镜检查，如见有明显的两极浓染的小杆菌，即可确诊此病。

4. 防治方法

（1）预防。平时加强饲养管理，要注意防寒保温，搞好环境清洁卫生。禁止在疫区购进鹅苗，引进种鹅时要加强检疫，应隔离饲养 2 周以上，没有出现异常才能混群。避免疫病的传播，在发病地区应定期进行免疫接种，禽霍乱氢氧化铝菌苗对 2 月龄以上鹅每次肌肉注射 2 毫升，第 1 次注射后，8—10 天再肌注 1 次。禽霍乱弱毒疫苗现用 1560F 菌苗肌肉注射 1 毫升，1 周后产生免疫力，免疫期达 5~6 个月。雏鹅用禽霍乱弱毒菌苗饮水或拌食，能很好地预防禽霍乱的发生。一般饮用 5 天后产生免疫力，8 天后产生强的免疫力，免疫期为 8 个月，同时采取综合的防疫措施，以防止本病的发生与流行。发现本病应及时封锁隔离。受污染的圈舍、用具、设备等应彻底消毒。病鹅要隔离治疗，尽快扑灭疫情，病死鹅应全部焚烧或深埋。确需加工利用的，必须在兽医人员监督指导下进行，防止污染环境和疫病的传播。

（2）治疗。治疗鹅霍乱的药物很多，下列几种药物治疗效果良好：①磺胺噻唑或磺胺二甲基嘧啶粉：在饲料中添加

0.5%混合喂给，连续 3~4 天，如用片剂，按加倍量口服（即每千克体重 0.2 克），效果良好。②链霉素：成年鹅（每只体重 1.5~3 千克）用量为 100~150 毫克；中鹅（体重0.5~1.5 千克）用量为 50~80 毫克。胸肌注射，每日两次，连用 2~3 天。雏鹅对链霉素比较敏感，应准确计算剂量。③青霉素：每只成年鹅肌肉注射 10 万国际单位，隔 4 小时注射 1 次，连用 3~4 天。④土霉素：在饲料中添加 0.05%~0.1%喂给，每只雏鹅每天服 0.15~0.30 克，连服 2~3 天。⑤喹乙醇疗法：按鹅每千克体重 1 次投服 20~30 毫克的喹乙醇，即可治愈。此药杀菌力强，疗效高。⑥"灭败灵"疗法：病鹅每千克体重肌注"灭败灵"2~3 毫升，1 次即愈，为巩固疗效，可重复注 1~2 次。

三、鹅蛋子瘟

鹅"蛋子瘟"，又名卵黄性腹膜炎，或鹅大肠杆菌性生殖器官病。是产蛋母鹅常见的一种传染病。鹅"蛋子瘟"是由致病性埃希氏大肠杆菌引起的产蛋母鹅常见的一种传染病。主要是卵巢、卵子和输卵管炎症继发卵黄性腹膜炎，这种病具有较强的传染性，严重地影响养鹅业的发展。公母鹅交配是引起本病互相传播的主要传染途径，当鹅舍不清洁、鹅群在浅水而污秽的水池或水塘内交配，公鹅的生殖器发炎溃烂等因素，对本病发生的促进和传播有重要作用。流行于母鹅产蛋期间，可造成产蛋率明显下降，并严重影响母鹅的产蛋率，甚至发生死亡。母鹅产蛋停止后，本病的流行一般也能停止。

1. 症状

急性者母鹅在产蛋期突然生病，甚至有的蹲窝突然死亡。不死者丧失产卵能力。产蛋母鹅表现为精神沉郁，食欲减退，不愿活动，两脚紧缩，行走困难，蹲伏在地上，有时全身发生颤抖。下水后常离群在水面上独自漂浮。由于卵巢、卵子、输卵管感染发炎而发展为卵黄性腹膜炎。排泄物中有黏性蛋白状物及白色或黄色碎片或凝块，粪便中有时混有蛋清、蛋黄等物质。肛门周围沾满了污秽发臭的排泄物。腹部下垂、胀大，触诊敏感。病后期病情加剧，体温升高，食欲废绝，鹅体逐渐消瘦，最后饥饿失水，衰弱而死亡。病程5~10天，少数病鹅自愈，但母鹅失去产蛋能力，不能再产蛋。

2. 剖检

解剖病鹅、死亡母鹅，可见卵黄性腹膜炎主要病理变化。卵黄变为灰色、褐色或呈酱色，腹腔内有淡黄色腥臭的混浊液体和破坏的卵黄，腹腔脏器表面覆盖一种淡黄色凝固的纤维素渗出物，腹膜有炎症肠系膜出血肠道互相粘连。卵子发生炎症，变形，子宫和输卵管都有炎症。

3. 诊断

此病母鹅产蛋时期流行，主要根据侵害病鹅的卵巢、输卵管，发生炎症变化以及典型的卵黄性腹膜炎即可确诊，有条件的可作细菌分离鉴定。

4. 防治方法

（1）预防。目前对本病尚无特效药物治疗。平时应加强管理，搞好鹅群卫生，鹅舍应保持清洁卫生、干燥。放牧的河沟、塘坝要有一定的宽度和深度，水清洁，防止环境污染。在本病流行地区，可对种鹅进行鹅蛋子瘟氢氧化铝灭活菌苗预防接种注射。在开产前 1 个月，每只成年种鹅每次胸肌内注射 1 毫升，每年 1 次。对已发病的公鹅如外生殖器有病变，应及时淘汰。同时搞好消毒卫生，并经常对鹅群进行逐只检查和处理。

（2）治疗。①配种前应对公鹅进行检查：外生殖器上有病变的公鹅一律不作种用。采用剔除或隔离治疗，把外生殖器上的结节切除，溃疡面和伤口每天用双氧水清洗后，涂敷庆大霉素软膏，每天 1 次，连用 3~5 天。②病鹅按每天每只胸肌肌内注射庆大霉素 4 万~8 万单位，每天 2 次。服用消炎药。或肌内注射链霉素，每只 0.1~0.2 克，每天 2 次连注 3 天。③用卡那霉素每只胸肌内注射 10 万~20 万单位，每天 2 次连注 3 天。也可用 20%磺胺噻唑钠 3~4 毫升，每天 1 次，连注 3 天。

四、小鹅流行性感冒

鹅流行性感冒简称鹅流感，病原体为鹅流行性感冒志贺氏杆菌引起的鹅的一种急性病毒性传染病。本病以呼吸困难、鼻腔流出大量浆液性鼻流为特征。本病发病率、死亡率很高，常造成严重的经济损失。病原体存在于病鹅的心血、心包液、肝、脾、气囊壁以及呼吸道分泌物中。其中以心包液、肝、脾含菌量最多。病鹅由于病原体污染了饲料和饮水，可以从呼吸道、结膜和消化道排出病毒，通过直接接触、气溶胶传播，主要通过受污染的饲料和饮水及各种物品的接触等传播途径传播给易感鹅。本病菌对鹅特别是小鹅致病力最强，多发生于半月龄左右的雏鹅，特别是天气骤变、鹅舍潮湿、拥挤、通风不良等情况下最易发生，大鹅发病少。本病常发生于半月龄后的雏鹅，春、秋季节常发。

1. 症状

潜伏期极短，几小时到几天不等，其长短与病毒致病性高低、感染强度、传播途径和易感性有关。病初从病鹅的鼻孔中流出清液，眼结膜发红，流泪、咳嗽，精神沉郁，羽毛松乱，缩颈闭目，离群呆立，不愿运动，喜蹲伏，怕冷挤堆，体温升高，食欲不振，呼吸加速并发出鼾声。由于分泌物对鼻孔的刺激和机械性阻塞，为了排除鼻腔黏液，常频频摇摆头颈，把鼻腔黏液甩出，继而发生支气管炎或肺炎。鹅发病后期头脚发抖，两脚不能站立，死前下痢，病程 2~4 天，最后衰竭而死亡。

2. 剖检

病鹅鼻腔有黏液、气管、肺气囊都有纤维性渗出物。呼吸器官有明显的纤维性薄膜增生，皮下、肌肉、肠黏膜出血。肝、脾淤血肿大。脾表面有栗粒状灰白色坏死点。心内膜及心外膜出血，有的病例浆膜性出现纤维素性心包炎。

3. 诊断

本病可根据流行特点，流鼻涕、喷嚏、咳嗽、呼吸加速等特征性症状、剖检病变可作初步诊断，并要注意与禽霍乱（鹅巴氏杆菌病）、小鹅瘟的鉴别诊断。

（1）鹅流感与鹅巴氏杆菌病鉴别。巴氏杆菌病肝脏有坏死灶，本病则无。细菌学检查，巴氏杆菌病可检出两极浓染的杆菌。

（2）鹅流感与小鹅瘟的鉴别。小鹅瘟主要发生在出壳半个月的小鹅，成年鹅不见发病。小鹅瘟病理特别是肠道形成纤维素性坏死和特殊栓子阻塞肠腔。

确诊需做全身败血症、浆膜和气囊纤维素炎症变化及肝、脾组织细菌检查。

4. 防治方法

（1）预防。加强对鹅群饲养管理，饲养密度要适当，搞好雏鹅防寒保暖工作。放牧时遇到风雨等天气，将鹅群赶进舍内。保持鹅舍干燥和场地垫草的清洁卫生。对高致病性鹅流感污染的所有场所及用具、设备、病鹅的排泄物等要进行严格消毒。此外，还须采用菌苗做预防接种。

（2）治疗。①验方治疗：车前草300克加等量红糖和水3升，煎汁拌饲料，供100只病鹅服用；或用中药藿香、生姜各10克煎水，另加白胡椒12粒，捣烂冲入，让病小鹅自饮。②复方阿司匹林：均匀混料，每只小鹅喂给0.2~0.3克，一日2次，连用2~3天。③为了防治继发性支气管炎和肺炎：用青霉素每只小鹅每次肌内注射2万~3万单位，成鹅每只5~10万单位，每天2次，连注2~3天。用磺胺嘧啶每1次口服1/2片（0.25克），以后每隔4小时服1/4片。或用磺胺噻唑钠每次肌内注射0.2克，8小时1次，连用2天。

五、禽副伤寒

鹅副伤寒，是由沙门菌属中的多种沙门菌、引起的一种鹅等禽类传染病。主要特征是下痢、跛行和神经症状为主要特征。病禽或带菌动物是本病的传染源。如鼠类和苍蝇等都是副伤寒的带菌者。带菌动物是传染本病的主要媒介。本病传染方式，主要通过消化道感染。病鹅粪便中排出的病原菌污染饲料、饮水、用具和周围环境，从而传播疾病。被细菌污染的种蛋也可传播本病。气候突然变化，饲养管理不善，饲养变质等均易诱发此病。家禽和野禽都能感染，急性多见周龄内的雏鹅，2~3周龄的雏鹅、鸭易感性最高，雏鹅患病呈急性或亚急性，而成年鹅多呈慢性型或隐性型感染。一般呈地方性流行，常出现暴发流行。

1. 症状

鹅副伤寒潜伏期短促，一般为12~18小时，有时稍长。急性表现为精神委顿，缩头、怕冷，羽毛松乱；食欲废绝，口渴，不断下痢，排粥状或水样稀粪，污染肛门周围；身体消瘦，眼结膜发炎，眼睑肿胀，流泪、眼半闭；最后出现呼吸困难，常在1~2天内死亡。雏鹅常发生于孵化后数天内，临死前出现神经症状，痉挛抽搐，步态不稳，突然倒地，头向后低，持续数分钟死亡。雏鹅一般不出现神经症状。病愈后出现跛行、关节肿大等疾病。成年鹅症状较轻，多为慢性型母鹅患此病产蛋量减少。

2. 剖检

急性病例，病理变化不明显，病程较长的可见肠道弥漫性充血、出血或坏死，肠壁增厚，淋巴滤泡肿大，肝脏肿大、充血。肝脏表面色泽不均，有的呈灰黄色，肝实质有针头大的灰黄色坏死灶。胆囊肿大并充满胆汁。心包、心内膜沉积有纤维素性渗出物。脾脏肿大，呈暗红色，质地变脆。肾脏发白，肠道弥漫性出血和坏死，其中以十二指肠较为严重。

3. 诊断

根据流行病史和流行特点、临床症状及剖检病变可作出初步诊断。但慢性型患鹅生前诊断，目前尚无可靠定性法。确诊本病必须进行实验室病原学检查和血清学试验，如病原菌的分离鉴定到沙门氏菌才能确诊。

4. 防治方法

（1）预防。加强对鹅群的饲养管理。防止其粪便污染饲料和饮水及养鹅环境。加强饲养管理，不喂腐败饲料，注意鹅舍、用具和饮食卫生和消毒，防止污染。育雏前期应注意鹅群的保温，育雏室内要勤垫清洁干草，防止舍内地面潮湿。发现病鹅及时隔离和消毒。对带菌鹅，成年鹅与雏鹅隔离饲养。防止鼠类及其他带菌者进入鹅舍内。加强对种蛋、孵化、育雏用具的清洁消毒，种蛋外壳切勿沾污粪便，孵化前进行消毒，防止雏鹅感染。

（2）治疗。①验方治疗：用大蒜洗净捣烂，1份大蒜加5份清水，制成20%大蒜汁喂服，病初治疗疗效较好。②中药治疗：在饲料中添加3%白头翁、黄连、黄柏、秦皮，喂饲。③用抗生素治疗：如土霉素、卡那霉素及磺胺类等治疗，均能获得较好的疗效。如雏鹅每只每天内服土霉素15毫克（每分2~3次）。连喂4~5天为1疗程；或在10千克饲料中添加2.5克，用于大群治疗。卡那霉素每只每日2.5毫升，肌内注射，连用4~5天。或在饲料中添加0.2%~0.5%的磺胺嘧啶或磺胺甲基嘧啶，以后剂量减半，连续饲喂2~3天。

六、大肠杆菌病

大肠杆菌病是由埃希氏大肠杆菌所引起的一种急性传染病，病原体为某些致病血清型大肠埃希氏杆菌。本病的传染源主要是病鹅和带菌鹅。通过消化道或呼吸道进入鹅体内。被病鹅粪便污染的饲料和饮水，是传播本病的主要因素。本病的发生与不良的饲养管理有密切关系，饲料品质不良、饮水不洁、青饲料不足、饲料中缺乏维生素和矿物质、受冷受热、鹅群饲养密度过大、环境卫生差及鹅舍潮湿、通风不良等，均可促使本病的发生。种蛋被污染后，病原菌进入蛋内，降低孵化率和雏鹅质量。禽类动物均可感染发病，本病一年四季均可发生，幼鹅多雨闷热、潮湿季节易发。密闭关养仔鹅以寒冷的冬春季节多见。本病可造成较高的发病率和死亡率。

1. 症状

雏鹅感染发病后，病鹅精神不振，不愿活动，站立不稳，食欲减退或废食，主要表现为下痢，粪便稀薄、一般呈黄绿色或灰白色，恶臭、带白色黏液或混有血丝、气泡，肛门周围被粪便污染。渴欲增加，体温升高，比正常温度出 $1\sim2℃$，呼吸迫促或困难，有时发出咕咕的响声，病鹅消瘦，母鹅产蛋停止，最后窒息死亡。急性型病鹅发病急，病程短，死亡快；慢性型病鹅，病程 $3\sim5$ 天，有的可达 10 天。

有的病雏鹅则发生卵黄囊炎，患病母鹅粪便中含有蛋清、凝固蛋白和蛋黄，常呈菜花样。患病公鹅阴茎肿大，严重的肿大数倍，不能缩回，失去种用性能。病鹅精神高度沉郁，腹部肿大，脚软或抽搐等。

2. 剖检

雏鹅主要出现卡他性肠炎，肠黏膜肿胀、出血，肠内容物稀薄、灰色，混有泡沫和黏液、血液。病程较长的病例，肠黏膜有化脓性坏死灶，表面附着有干酪样物质，肝脾肿大、质脆，肝表面有小点状灰白色坏死灶。并发生肝变或有纤维素沉着，甚至出现胸、肺粘连。母鹅发生卵黄囊炎、卵巢炎、输卵管炎，腹腔积有褐绿色液体，有腐败发臭的蛋黄或卵泡变性萎缩。公鹅阴茎上有化脓性或干酪样结节。

3. 诊断

根据流行特点，临床特征、结合剖检病变等进行综合分析，可作出初步诊断。确诊需要进行病死鹅中病原菌的分离，到大肠杆菌，进一步需进行生化及血清学鉴定。

4. 防治方法

（1）预防。加强饲养管理，饲养密度适宜；经常清除粪便，搞好鹅舍、饲料和饮水卫生，注意鹅舍的通风干燥、定期用 1：800 百毒杀消毒，冬天要防寒保暖。搞好种蛋、孵化器的消毒，防止种蛋被病菌污染。平时可用土霉素、复方敌菌净和磺胺嘧啶进行预防。发现病鹅，应立即隔离治疗和消毒。

（2）治疗。复方敌菌净较为有效：1~3 日龄至 4~7 日龄用 0.05%~0.1% 复方敌菌净拌料，对大群病鹅用 0.005%~0.01% 诺氟沙星拌料喂服 3~5 天，疗效显著。②每只 5 万~10 万单位链霉素肌肉注射：每天 2 次，连注 3 天。③体重按

3 000单位庆大霉素：胸部肌内注射，每天 3 次，连注 2~3 天。土霉素或金霉素，雏鹅每千克饲料内加入 3~5 克喂给，5~6 天为 1 疗程。④注射卡那霉素：每千克体重 30~40 毫克。⑤用 0.005%~0.01%诺氟沙星拌料喂服 3~5 天。以上药物治疗，疗效显著。

七、禽葡萄球菌病

禽葡萄球菌病又称传染性关节炎，是由金黄葡萄球菌或其他葡萄球菌引起的禽类急性败血性或一种慢性传染病，临床上以鹅关节肿胀、行走障碍为主要特征。病原体为金黄色葡萄球菌，广泛存在于自然界和鹅的皮肤上。菌体为圆形或或卵圆形，许多菌体相连在一起，呈葡萄状、无鞭毛，无荚胞，不产生芽胞。饲养管理不当或鹅体皮肤破损外伤，葡萄球菌通过体表外伤是感染的主要途径，损伤的皮肤和黏膜易于感染。雏鹅、雏鸭易感发病。人感染了本病，也可成为传染源。雏鹅感染多呈急性败血型，中、成鹅感染呈慢性型。种蛋被污染，细菌可进入蛋内，从而感染胚胎。本病一年四季均可发生，尤以天气闷热的雨季、空气潮湿季节发病较多主要呈散发型。

1. 症状

急性病例精神不振，食欲废绝，发热，足、翅关节发炎、肿胀和热痛，本病的主要特征是化脓性关节炎、水泡性皮炎、脐炎、滑膜炎、龙骨黏液炎和翼尖坏死，并伴有结膜炎和下痢症状，胸腹部皮肤浮肿，呈紫色，病程 2~6 天。常出现败血症急性死亡。病程长的常转化为慢性病鹅表现跛行，常蹲伏不动，关节肿大，行走困难部分病例可见翅尖坏死。病程延长到2~3周，往往因采食困难，日渐消瘦，最后衰竭死亡。

2. 剖检

急性的可见实质脏器充血肿大，卡他性肠炎，跗和趾关节发炎，关节囊和足趾滑液囊中有浆液性纤维素性渗出物，病程稍长的，可见关节中有化脓和干酪样坏死。慢性病例，可见关节软骨上出现糜烂和干酪样物。软骨易脱落，关节周围有纤维素性渗出物，骨化后关节不能活动。腿部肌肉萎缩。

3. 诊断

本病根据临床特征性、剖检病变，可作出初步诊断，确诊需从病死鹅尸体心、肝、脾等脏器采取病料分离出致病性葡萄球菌，慢性病例可从肿胀的关节取关节腔内液体进行涂片染色，即可确诊。

4. 防治方法

（1）预防。加强管理经常注意环境卫生，鹅舍要通风透光，保持环境、种蛋、孵化室用具清洁卫生，避免拥挤。清除运动场及牧地的各种尖锐异物，防止造成外伤感染。并在饲料中注意补充维生素、微量元素，防止互啄羽毛。一旦发现该病鹅及时隔离饲养治疗或淘汰，病鹅舍内和用具应彻底消毒。

（2）治疗。①用青霉素：每只雏鹅1万单位，中鹅3~5万单位，肌肉注射，每天3次。②用庆大霉素：按每千克体重用3 000国际单位肌内注射，一日2次，连用2~3天；或用卡那霉素按每千克体重用30~40毫克，肌内注射，一日2次，连用 2~3 天。③也可用复方阿莫西林可溶性粉：用于饮水时每 50 克加水 250 千克，连用 3~5 天。临床上用药要经常交替使用。对病鹅局部损伤感染，可用碘酊棉球擦涂病变部位，以加速局部愈合。

八、鹅曲霉菌病

鹅曲霉菌病是鹅一种真菌病。病原体主要烟曲霉素，其他如黄曲霉素、里曲霉素等。发霉的饲料含有大量曲霉菌孢子是引起本病流行主要传染源。当鹅吃了被曲菌和它所产生的孢子所污染的饲料和垫草而引起。当鹅吸入含有孢子的空气或采食饲料中的孢子就会感染发病，毒素主要损害肝脏。这种霉菌在潮湿条件下，在谷物中容易生长繁殖产生毒素。可引起鹅和其他家禽中毒。传染途径主要是通过呼吸道和消化道。当饲养管理不善，鹅舍阴暗，高温高湿、通风不良，鹅群过分拥挤，以及营养不良和卫生条件差，会促进本病的发生和流行。雏鹅敏感中毒，死亡率很高。本病亦可经污染的孵化器传播，雏鹅出雏后 1 日即可感染发病，10~20 日龄的幼鹅最易发病。初生雏鹅曲霉菌病是由于鹅蛋在孵化过程中真菌穿透蛋壳而感染。成年鹅多为个别散发，在我国南方发生较多。

1. 症状

雏鹅发病，多呈急性中毒。临床症状不明显，常在病后 2~3 日死亡。病程稍长的鹅呈抑制状态，多伏卧，行走不稳，羽毛松乱，食欲减退，或废绝，下痢，口渴，鸣叫不安，临死时角弓反张。成年鹅多为慢性中毒，精神沉郁，缩头闭眼，羽毛松乱，伸颈张口气喘，呼吸困难，病程 2~7 天，饮水增加，鼻流浆液性鼻涕，其后体温升高，呼吸次数增加，不时发出摩擦音，后期下痢、消瘦、贫血，严重时倒地、头向弯曲，以致死亡。病程一般在 1 周龄左右。鹅的日龄越大，病程越长，可延至数周，死亡率越低。

2. 剖检

主要病变是肺和气囊炎症，气囊和胸腹腔黏着，在肺、气囊和胸腔壁上有粟粒大至绿豆大小灰白色或浅黄色的颗粒状结节。肺组织质地变硬。急性中毒病例的肝肿大，充血。慢性病例肝硬化，灰黄色，有白色小结节。气管、肺脏和胸膜有灰白色结节病灶。

3. 诊断

根据呼吸困难等临床特征，结合剖检见肺、气管和气囊有霉菌结节病灶，并伴发肺炎病变，一般可作出初步诊断。确诊需做病原学检查，采取结节病灶做压片镜检，并取菌丝体和孢子或取霉菌结节进行分离培养。

4. 防治方法

（1）预防。目前本病无特效疗法，主要采取防霉等预防措施，如加强饲养管理，搞好环境和鹅舍卫生，并经常消毒，保持通风、干燥，不喂霉变的饲料，勤换垫草等。育雏室温差不宜过大，保持良好通风，特别在霉雨季节应注意防止饲料和垫料发霉。在梅雨潮湿季节，每只幼鹅日用制菌霉素 2~3 毫克拌料喂给，喂 3 天停药 2 天，连用 2~3 个疗程，可以预防本病。

（2）治疗。①制霉菌素：每只每次剂量口服 10 万单位，每天 2~3 次，连用 3 天；如与克霉唑同时使用，疗效更好，用量每只 1 克，拌料喂给。②碘化钾：5~10 克，加入 1 千克水，成年鹅每次饮服 8 毫升，每日 3 次，有一定疗效。③用 0.03% 的硫酸铜溶液作饮水内服：每日饮用 3 次，连饮 3~5 天。④为了防止继续感染：在饲料中加入土霉素或供给含链霉素饮水，链霉素剂量为每只 1 万单位，对治疗本病有一定疗效。⑤中药治疗：病程呈慢性经过用鱼腥草 3 份，蒲公英 2 份，黄芩、葶苈子、桔梗、苦参各 1 份共研末，每次 1 克/千克体重的比例拌料喂服，连喂 5 天。发现发病鹅后为了控制继续发生，应立即清除垫草，对鹅舍用福尔马林熏蒸消毒。

九、鹅念珠菌病（鹅口疮）

鹅念珠菌病俗名鹅口疮，又称霉菌性口炎，是由白色念珠菌所引起的鹅上消化道霉菌性传染病。其特征是鹅上部消化道的口腔、咽、食道和嗉囊上部消化道黏膜形成伪膜和溃疡。本病主要通过消化道感染。亦可通过蛋壳感染。饲养管理条件不良，如饲料配合不当，维生素缺乏，鹅舍通风不良，养鹅密度大，过于拥挤、天气湿热、不清洁及感染其他疾病（如球虫病等），导致鹅体抵抗力降低，促使本病发生和流行。发病率和死亡率都较高，幼鹅易感性比成鹅高，多发生于 2 月龄以内的雏鹅和中鹅。6 月龄以前的幼鹅，特别是幼龄狮头鹅。

1. 症状

病鹅精神委顿，羽毛松乱，口腔、舌面、咽和食道形成溃疡状坏死，口腔黏膜表面常见有乳白色或黄色斑点，逐渐形成大片白色纤维状伪膜或白色干酪样伪膜典型"鹅口疮"增生和溃疡灶，有的食道、腺胃出现相同的病灶，病鹅吞咽困难，食欲减少，生长缓慢，生长发育不良。

2. 剖检

病鹅口腔和食道黏膜上病变形成黄色、豆渣样，在食道膨大部黏膜增厚，表面灰白色、圆形隆起溃疡，黏膜表面有伪膜性斑块和易脱落的坏死物。

3. 诊断

根据流行特点和病鹅消化道黏膜特殊性增生和溃疡病灶特征，可作为本病诊断的依据。确诊需采取病变组织或渗出物涂片镜检，观察酵母状的菌体和菌丝，或进行霉菌分离培养和鉴定。

4. 防治方法

（1）预防。平时注意改善管理，注意鹅舍及运动场地清洁卫生，饲养密度不宜过大，防止过分拥挤，保持鹅舍通风，干燥、防止垫物潮湿。同时合理饲喂饲料，防止维生素缺乏症的发生。防止机体抵抗力下降。并在此病流行季节，给鹅饮用1：2 000硫酸铜溶液可预防继发感染或使机体衰弱的一些应激因素。发生本病时及时隔离、治疗和消毒。

（2）治疗。

①将病鹅口腔黏膜的假膜刮去，口腔黏膜上溃疡部涂以碘甘油等药物治疗。

②咽和食道中灌入数毫升2%的硼酸溶液消毒，连用7天。

③饮水中添加 0.5% 的硫酸铜，放陶器中喂给。

④大群病鹅治疗时可用制霉菌素，按每千克饲料中加制霉菌素 0.2 克，1 日 2 次，连喂 1~2 周，能有效控制本病。

第四节　鹅常见寄生虫病

一、鹅球虫病

鹅球虫病是由艾美耳属和泰泽属的球虫寄生于鹅的肠道内引起的一种原虫病。临床上以血痢、口渴、消瘦、贫血虚弱为主要特征。鹅球虫病的病原是通过消化道感染病鹅或带虫鹅粪便污染的饲料、饮水、土壤或用具等都携带球虫卵囊传播。各种日龄鹅均有易感性，多发生于 9 日龄以内的小鹅，3 周龄至 3 月龄以内的小鹅最易感，成年鹅往往成为带虫者影响增重和产蛋。发病时间多在 5—8 月，其他季节发病较少。本病可引起小鹅大批死亡。

1. 症状

本病根据发病情况和病程分为急性型和慢性型。

急性型：病初病鹅精神不振，缩头、闭目、行动迟缓，羽毛松乱无光泽，甩头，食物从口中甩出；口吐白沫，继而伏地不起，头颈下垂或头弯曲伸至背部羽下，食欲减退或废绝，喜饮水，先便秘，后腹泻，粪便含黏液，血液糊状，呈红褐色逐渐变为白色稀粪，泄殖腔松弛，周围羽毛被粪便污染，后期发生神经症状。急性者病程较短，发病后 2—3 天死亡。慢性型：病鹅精神萎靡，缩头伏地，落群，垂翅，食欲减退，水带血样粪便，生长停滞，后期逐渐消瘦。有神经症状，痉挛性收缩，最后衰竭死亡。

2. 剖检

急性者病变主要在肠道，肠道呈现严重出血性、卡他性炎症，肠道黏膜增厚、出血和糜烂。在回肠和直肠中段的肠黏膜被糠麸样假膜覆盖。肠内容物呈淡黄色或红褐色黏稠物，或胶冻状血性黏液。患肾球虫病小鹅肾脏肿胀，有出血斑和灰白色病灶或条纹。病灶中可检出球虫卵囊。

3. 诊断

根据流行特点、临床症状和剖检病变及粪便检查进行综合性判断可作出初步诊断。确诊需在实验室采取病鹅粪，刮取肾小管和肠黏膜涂片镜检，发现裂殖体和球虫卵囊，球虫卵囊呈蛋形或梨形，无色，卵膜光滑，有卵膜孔（图9-2）。

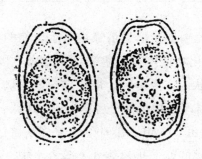

图9-2 球虫卵囊

4. 防治方法

（1）预防。加强饲养管理，不在低洼潮湿及被球虫污染地带放牧。保持鹅舍通风干燥，垫料要勤换勤晒，加强卫生管理，栏圈、食槽、饮水器及用具等经常清洗、消毒。保持鹅舍饲养场地清洁、干燥，定期清除的粪便要堆沤发酵，用生物热方法进行消毒，以杀灭粪中的球虫卵囊。发现病鹅要隔离饲养，集中防治，减少鹅食入球虫孢子化卵囊的机会。

（2）治疗。在每千克病鹅饲料中添加150毫克氨丙啉，连喂1月，喂药期间同时在饲料中添加多种维生素和亚硒酸钠（1毫克/千克饲料）。也可在每千克饲料中添加125毫克球痢灵，连喂3～5天，在用药3天后，可控制病鹅的死亡，恢复食欲。也可用磺胺六甲氧嘧啶按0.05%～0.1%配比混于饲料中饲喂。连用3～5天都对球虫病有治疗效果，但应注意，在饲料中添加抗球虫药，必须进行轮换用药及穿梭用药，以减少球虫抗药性虫株的产生。

二、鹅绦虫病

鹅绦虫病是由鹅矛形剑带绦虫寄生于鹅的小肠内引起肠黏膜损伤和消化功能障碍，鹅绦虫病临床上以下痢、消瘦、贫血和神经症状为主要特征。最终导致鹅发病和死亡。矛形剑带绦虫的虫体呈乳白色前窄后宽，形似矛头，头节小颈短，体长13厘米，由20～40个节片组成（图9-3），绦虫的孕卵节片和虫卵随鹅的粪便排出体外，落入水中，鹅绦虫以剑水蚤为中间宿主。剑水蚤吞食后约1个月，在其体内发育为有感染性的似囊尾蚴，含有似囊尾蚴的剑水蚤被鹅吞食，剑水蚤在胃内消化，似囊尾蚴逸出移行到小肠，用头节上的吸盘和吻钩附在肠壁上，约经20天发育为成虫，并向外排出孕卵节片和虫卵，被病鹅粪污染的鹅舍，放牧场是绦虫病的主要传染源。可感染各种年龄的鹅，主要感染20日龄至2月龄的幼鹅，常引起幼龄鹅发病和死亡。温带地区多在春末和夏初发病，呈地方型流行。

1. 症状

小鹅感染后病情较重，成鹅感染病情轻微。鹅严重感染时，精神萎靡，羽毛松乱，离群呆立，瞌睡。幼小鹅严重感染时，表现明显的全身症状，不喜活动，表现出消化机能紊乱，食欲减退，后期食欲废绝，渴感增加，腹泻，粪便稀臭，先呈淡绿色，后变为灰白色稀薄粪便（混有白色的绦虫节片），生长停滞，消瘦，贫血，常出现神经症状，行动步态失调，腿无力，站立摇晃不稳，仰卧倒地作划水样动作或突然倒地，站立后又摔倒，头向后仰，最后倒地不起，一般3~6日死亡。

2. 剖检

见病鹅肠腔内有大量虫体阻塞肠腔，严重者肠破裂，肠壁黏膜发炎受损，水肿出血，散米粒大小结节状溃疡，肠内容物稀臭，含大量虫卵。雏鹅肝脏稍肿。

3. 诊断

确诊。通过对病鹅尸体剖检，发现肠道有虫体即可确诊。根据临床症状，同时发现鹅粪中白色小米粒孕卵节片诊断。检查粪便中虫体节片和镜检虫卵，常用饱和盐水漂浮法检查粪便中的虫卵（图9-3）。

4. 防治方法

（1）预防。①小鹅与成年鹅应分群饲养放养，不要在有

图 9-3　赖利绦虫卵（10~50 微米），
内含六钩蚴

剑水蚤的死水塘中放养，以减少感染机会。②鹅粪便应每天打扫，堆积发酵，进行生物热处理后才能施用。③新购入的鹅要隔离饲养并进行粪检，如有绦虫要定期驱虫，经 1 周后才合群饲养。幼鹅在 18 日龄全群驱虫 1 次，流行地区，成年鹅应在每年春、秋放牧结束后和春季开始放牧前各驱虫 1 次。以防病鹅扩散病原。

（2）治疗。中药疗法：①雷丸 1 份，石榴皮 1 份，槟榔 2 份，共研细末，每只每天早晨喂服 2~3 克，每日 1 次，共喂服 2~3 次。②用槟榔煎剂驱虫。制剂：槟榔粉 50 克，加水 1 000 毫升，加热煎成 750 毫升，去渣即成药液。0.5 千克体重的小鹅用 4~6 毫升，1 千克重用 8~12 毫升，用小导管 1 次投入嗉囊中，投药后 10—15 分钟开始排虫。③用石榴皮、槟榔合剂驱虫。制剂：石榴皮 100 克，槟榔 100 克，加水 1 000毫升，煮沸 1 小时，加水调至 800 毫升。剂量为 20 日龄 1 毫升，30 日龄 1.5 毫升，30 日龄以上的 2 毫升，混于饲料中饲喂或用胃管投用，2 天用完。

西药疗法：①用硫双二氯酚（别丁）按每千克体重 150~200 毫克拌饲料，均匀混料，早空腹 1 次见效。严重病例 4 天后再服 1 次。②用灭绦灵（氯硝柳胺），毒性小，安全范围大，按每千克体重 100~150 毫克拌料 1 次内服，驱虫效果好。③丙硫苯咪唑（抗蠕敏），按每千克体重 20~30 毫克 1 次投服。④氢溴酸槟榔碱，按每千克体重 1~1.5 毫克溶于饮水中服用，在给药前应进行停水。⑤吡喹酮，按每千克体重 10~20 毫克拌料 1 次投服，10 天后按同样剂量再服用 1 次。

三、鹅蛔虫病

鹅蛔虫病是由禽鸟蛔虫引起的一种家禽肠道寄生虫病。禽鸟蛔虫是禽鸟中最大型的一种线虫，呈黄白色线状。虫卵呈卵圆形（图 9-4），壳原，呈灰黑色。因虫体在禽鸟肠道寄生使病鹅临床出现以消化机能障碍为主要特征。带虫禽鸟和病禽鸟是主要传染源多经消化道感染。不同年龄品种的禽鸟均可感染。但本病多侵害 3~4 月龄鹅。

图 9-4　禽蛔虫卵

1. 症状

轻度感染或成年鹅感染多不表现症状。感染严重的病鹅常表现精神不振，羽毛松乱，食欲减退或异常，下痢，由于虫体在肠道寄生，不仅吸取营养生长不良，逐渐消瘦黏膜贫血，损坏肠黏膜引起肠炎，而且虫体的代谢产物使病禽产生慢性中毒，严重者最终导致鹅瘦弱死亡。

2. 剖检

病死鹅主要发生肠炎，肠黏膜有散布结节性和出血性病变。

3. 诊断

本病根据病鹅体逐渐消瘦，并从病鹅粪中发现自然排出的虫体或剖检发现大量虫体和实验室镜检病鹅粪中蛔虫卵，即可确诊。

4. 防治方法

（1）预防。平时应保持鹅舍内外的清洁卫生，保持舍内和运动场地的干燥，及时清除鹅粪并进行发酵处理，定期更换垫草，并定期对地面、用具进行清洗和消毒。饲养区内，杜绝其他禽类的进入。禁止将不同日龄的鹅混群饲养。加强营养，饲料中应保证有足够的维生素 A、维生素 B 和动物性蛋白。对鹅群应定期驱虫，每 2—3 月驱虫一次，每次驱虫应在间隔 10 天左右连用两次药。

（2）治疗。发现鹅群已经患上蛔虫病时，可用驱蛔灵（即枸橼酸哌嗪，每千克体重 0.25 克，饮水或混饲投服，也可灌服）、甲苯咪唑（每千克体重 30 毫克，1 次喂服）、左咪唑（即左旋咪唑，每千克体重 25~30 毫克，饮水或混饲）、驱虫净（即四咪唑，每千克体重 60 毫克，混饲）、丙硫苯咪唑（也叫丙硫咪唑，每千克体重 10~25 毫克，混饲）、越霉素 A（每吨饲料 5~10 克，连喂 30 天以上）等药物。

四、鹅前殖吸虫病

前殖吸虫病是由前殖科前殖属的前殖吸虫寄生在鹅的直肠、输卵管、腔上囊和泄殖腔内引起的寄生虫病。临床上以产软壳蛋、无黄蛋、泄殖腔脱出为主要特征。发病季节为5—6月，呈地方性流行，严重时可引起死亡。前殖吸虫种类很多，在我国常见的有卵圆前殖吸虫，虫体扁平，肉红色，体表有小刺，体长3~6毫米，宽1~2毫米，虫体前端钝圆，近似梨形，具有口吸盘和腹吸盘。虫卵大小为0.026毫米×0.013毫米，一端有卵盖，另一端有小刺（图9-5）。虫卵随病鹅粪便排出体外，落入水中，被螺蛳吞食后，在体内形成毛蚴、胞蚴和尾蚴，尾蚴脱离螺体，进入蜻蜓的幼虫体内形成囊蚴。鹅吞食了含有囊蚴的蜻蜓幼虫而受感染，进入鹅的消化道、腔上囊和泄殖腔中，发育为成虫。本病多在夏秋季节呈地方性流行。

图9-5　前殖吸虫卵

1. 症状

临床症状可分为3期。初期症状不明显，病鹅产蛋率下降，常产薄壳蛋和畸形蛋，有时排出少量的蛋黄或蛋白，持续1个月。中期精神不振，羽毛蓬乱，步态不稳，常卧伏，食欲减退，腹部膨大，并见排出卵壳碎片和石灰样液体，持续1周左右。后期病鹅，体温升高可达43℃，渴欲增加，腹部压痛，泄殖腔突出，肛门边缘潮红，肛周围及腹部羽毛脱落，严重病鹅3~5天内死亡，母成鹅产蛋下降，常出现畸形蛋。

2. 剖检

可见直肠、肛门、泄殖腔、输卵管发炎，肿胀增厚。有时输卵管破裂引起卵黄性腹膜炎，腹腔内有大量黄色混浊的液体和畸形卵子。

3. 诊断

临床可见产软壳蛋、薄壳蛋或无壳蛋，或从泄殖腔中流出石灰样物。取新鲜粪便，用水洗沉淀法或离心沉淀法处理后，在显微镜下检查前殖吸虫卵，或剖检病死鹅，在腔上囊或输卵管内发现前殖吸虫卵时，即可确诊。

4. 防治方法

（1）预防。在前殖吸虫流行地区，根据本病出现的季节，进行预防性驱虫。清扫粪便，进行堆肥发酵处理，杀死虫卵后才能作肥料，消灭中间宿主，防止鹅食入蜻蜓或蜻蜓幼虫，消灭淡水螺等。

（2）治疗。①用六氯酚：每千克体重用26~50毫克，混在饲料中或加米粉制成小丸投服，每天1次，连用3天。②四氯化碳：剂量是2~3月龄小鹅每次1毫升，成年鹅每次3~6毫升，用导管投服，间隔5~7天，再投药1次。③用硫双氯酚（别丁）：按每千克体重150~200毫克1次混入饲料喂服，服药前要停食 12~15 小时。

五、卷棘口吸虫病

卷棘口吸虫病是由卷棘口吸虫寄生于鹅的肠道内引起的一种寄生虫病。虫体呈细小长叶状，肉红色，长 10~22 毫米，体表有小刺。虫体前端具有头冠，上有小刺 35~37 枚，在头冠的两侧各有角刺 5 枚。虫卵椭圆形，前端有卵盖，呈淡黄色（图 9-6）。虫卵随病鹅粪便排出体外，在水中孵化成毛蚴，毛蚴钻入淡水螺蛳（第一中间宿主）体内，发育成许多尾蚴，离开螺蛳体内在水中漫游，又钻入某些螺蛳、蚬、蝌蚪或小蛙的体内发育成囊蚴（即在第二中间宿主体内发育成囊蚴）。当鹅吞食了含有囊蚴的第二中间宿主后即被感染。囊蚴在肠道内经 10~19 天发育成成虫。临床上以下痢、贫血、消瘦为主要特征。幼鹅发病较重，严重的可以死亡。鹅感染棘口吸虫病较为普遍，尤其是长江流域及其以南地区更为多见。

1. 症状

幼鹅感染发病较重。表现为食欲减退以至停食，下痢，迅速消瘦，贫血，生长发育停滞，严重者会死亡，可导致成年母鹅产蛋量下降。

2. 剖检

剖检时可见肠道发生出血性炎症，内容物稀糊状，呈红褐色。

3. 诊断

根据临床症状、剖检病变，尤其是直肠和盲肠的黏膜上

图 9-6　卷棘口吸虫卵

有多量虫体，结合其粪便在实验室采取水洗沉淀法或离心沉淀法镜检，查出卷棘口吸虫卵，即可确诊。

4. 防治方法

（1）预防。对病鹅进行有计划的驱虫，投药后虫卵随粪便排出，必须注意收集粪便进行无害处理。鹅驱虫后，应暂停下水放牧，以防污染水源。

（2）治疗。可选用以下药物治疗：①硫双二氯酚或氯硝柳胺（灭绦美）每千克体重用 50～100 毫克均匀混料 1 次投喂，一般在服药后半小时到 1 小时开始排出虫体。②槟榔片，每千克体重用 1～1.5 克，加水煎汁，用细小导管或橡皮管投。③四氯化碳，每千克体重 2～4 毫升，用导管投服或嗉囊注射。④丙硫苯咪唑，每千克体重 10～25 毫克，均匀拌料 1 次喂服。

六、鹅裂口线虫病

鹅裂口线虫病是由鹅裂口线虫寄生于鹅的肌胃角质层下

引起的一种寄生虫病。小线虫的虫体细长线状，呈粉红色，体表有横纹。雄虫长9.8~14毫米，末端交合伞发达；雌虫长15~18毫米尾部呈指状。生殖孔开口于虫体偏后方。虫卵呈长椭圆形，大小为（68~80）毫米×（45~52）微米。虫卵随鹅粪排出后，在适宜条件下，经5~6天发育成侵袭性幼虫，然后钻出卵壳，在草茎或在地面蠕动。鹅吃了含有侵袭性幼虫的草而感染。幼虫先进入鹅的腺胃，最后钻入肌胃角质层下面经17~22天发育为成虫。雌虫开始产卵。病鹅和带虫鹅为主要传染源，主要经消化道感染。如饲料管理不善，可造成大批死亡。常发于夏秋2月龄左右的幼鹅易感，成年鹅轻度感染发病多为慢性，一般不引起死亡，成为带虫者。

1. 症状

病初，精神萎靡，嗜睡，食欲不振，发展至食欲废绝，消化不良、下痢，生长发育停滞，病情继续发展，贫血、体质瘦弱，最后衰竭死亡。若饲养管理良好，死亡率不高，但成为带虫者和传播者。

2. 剖检

尸体剖检时，在肌胃角质膜下面剥去角去膜有棕黑色溃疡、坏死。病变部位，见有虫体，潜于坏死灶内。其他内脏器官无明显病变。

3. 诊断

根据流行特点、临床症状结合剖检病鹅，如在肌胃角质层中找到虫体，或粪便检查发现虫卵，便可确诊。

4. 防治方法

（1）预防。加强饲养管理：保持鹅舍清洁卫生，定期消毒。在疫区让鹅的放牧场休闲 1~1.5 个月，雏鹅与成鹅分开饲养，5~6 天更换牧地 1 次。这样可以在 2 个月内消除病原。同时有计划地进行预防性驱虫，每年 2 次，在驱虫期间注意对鹅粪管理和消毒，并进行生物发酵处理。

（2）治疗。选用以下药物治疗有一定效果。①四氯化碳，20~30 日龄雏鹅每只 1 毫升内服，1~2 月龄幼鹅每只 2 毫升，2~3 月龄中鹅每只 3 毫升，3~4 月龄的每只 4 毫升，成年鹅每只 5~10 毫升，早晨空腹 1 次性口服。②驱虫净，按每千克体重 40~50 毫克，口服，可配成 0.01% 浓度药液，令其自饮，连用 7 天为 1 疗程。③盐酸左旋咪唑片，按每千克体重 25 毫克或甲苯咪唑 30 毫克，饮水或拌料喂服，每隔 3—7 天驱虫 1 次。

七、鹅羽虱

鹅虱是寄生在鹅体表的体外寄生虫，羽虱寄生于头、体部的虫体呈黄色，长椭圆形，雄虫体长 4~5 毫米，雌虫体长 5~6 毫米，全身有密毛，腹部各节有明显的横带。寄生在鹅翅部的羽虱，虫体呈灰黑色，雄虫长 3 毫米，雌虫长 3.4 毫米（图 9-7）。一年四季均可发生，秋冬季大量繁殖。鹅虱卵常集合成块，黏在羽毛基部。依鹅体温孵化，经 5~8 天变为幼虫，2~3 周内经几次蜕皮发育为成虫，以啃食鹅羽毛和皮屑为生。

1. 症状

病鹅精神不振，由于鹅虱大量寄生，使鹅痛痒不安，啮

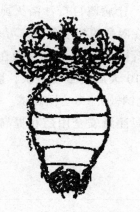

图9-7 毛虱

噬鹅羽和皮屑，使羽绒脱落和折断，残缺不全；有的吸食血液，使鹅体衰弱消瘦，影响母鹅产蛋量、抱窝及孵雏率。严重时鹅虱大量寄生鹅体，引起食欲不振，睡眠不好，导致鹅体抗病力降低，体重减轻。此外，鹅虱还能传播其他疾病。

2. 诊断

根据临床症状虱体较大，在病鹅的头部、体及翅部可见虫体和虱子即可确诊。

3. 防治方法

（1）预防。平时要加强饲养管理对鹅舍、巢窝、用具及鹅的生活环境保持清洁卫生、干燥，定时消毒。在温带地区冬季种鹅要定期放于河塘中洗浴，同时要驱杀鹅虱。

（2）治疗。①烟草：叶粉1份、水20份，煮沸1小时，待凉后，选择晴暖的天气，涂擦鹅体或在小纱布袋内放入1~3粒卫生球包扎后，捆扎鹅膀下灭虱。②用2%除虫菊或3%~5%硫磺粉混匀撒在鹅羽上，搓擦鹅羽杀虱或用3%除虫菊粉充分混匀放沙池内，让病鹅自行沙浴灭虱。③用樟脑粉：少许，于夜晚均匀撒在鹅舍的几个角落，可杀灭鹅舍和鹅体虱。④氟化钠5份，滑石粉95份，混合后撒在鹅体羽毛上，均有杀灭鹅虱效果。需10天后再重复一次，以杀死孵出的幼虱。还可用药剂1%氟化钠、0.5%马拉硫磷、0.1%敌百虫溶液等药液灭虱，药浴时要注意安全用药和提高舍温，以防鹅发生中毒和感冒。

八、鹅蜱

鹅蜱（波期锐喙蜱）是鹅的一种体外寄生虫。波期锐喙蜱虫体较大，卵圆形，淡黄色。有4对足。虫体不分节，体表有一层很薄的角质层，呈颗粒状。成虫吸血后离开鹅体，栖息在附近的墙壁巢窝、棚架的缝隙中，进行产卵繁殖。蜱的整个发育史分4个阶段，卵、幼虫、若虫、成虫。蜱生活力很强，成虫不食可存活2年半，幼虫成活半年左右。在温暖干燥季节，鹅遭受侵袭最为严重。

1. 症状

蜱吸食鹅体血液，消耗鹅体营养，影响鹅的生长发育和母鹅的产卵率。大量寄生时，干扰鹅的正常生活，不能安眠休息，并引起贫血、消瘦、抗病力降低。

2. 诊断

鹅蜱个体较大，肉眼即能看到。若在鹅体上和鹅舍发现多量鹅蜱即可确诊。

3. 防治方法

（1）预防。经常保持鹅舍环境卫生，及时驱杀鹅体及鹅舍的蜱虫，发现带蜱鹅应隔离治疗。为控制鹅蜱的传播，必须对鹅舍、用具及环境进行彻底消毒，以减少蜱的数量。外地购来的鹅要做好检疫工作。

（2）治疗。可选用下列药物治疗。①20%硫磺软膏；②2%石碳酸软膏；③来苏尔5份，酒精25份，软皂25份，调制成糊状。以上药剂可直接涂抹于有虫部位，隔3~5日再涂抹1次，可达到驱杀蜱虫效果。

第五节　鹅常见普通病

一、肠炎

鹅肠炎临床上以消化机能障碍、腹泻、粪便恶臭为特征。主要是由于饲养管理不善，环境、饮食不卫生，或突然改变饲料，饲料搭配不当，营养不良，如缺乏维生素、矿物质等，或喂饲难以消化的饲料，尤其是霉变的饲料和不洁的饮水，或误食有毒物质及患有寄生虫和传染病等，均可引起本病。各种年龄的鹅都会发病，但以2~3周龄的雏鹅多见。常引起大量死亡。

1. 症状

病雏鹅主要表现精神萎靡，行动迟缓，呆立，羽毛松乱，体温降低，常拥挤在一起，喜喝水，腹泻，持续排出有白、黄绿色、棕黄色或混合色的稀粪或水样的恶臭粪便，并混有未消化的饲料黏液，严重的有血液或脱落的坏死组织。肛门松弛，排粪失禁，肛门周围羽毛粘满稀粪，继而脱水、衰竭而死。成年病鹅症状基本同病雏鹅，但症状比较轻而缓，死亡率较低。母鹅产蛋明显减少或停止产蛋。

2. 诊断

根据采食饲料品质不良和临床症状上消化机能障碍、腹泻、粪便恶臭等特征可作出诊断。

3. 防治方法

（1）预防　主要是加强饲养管理，保持饲料和饮水的干净卫生，饲料要合理搭配，定时定量饲喂，不要喂食过饱，禁喂霉烂变质和容易发酵的饲料。

（2）治疗　发现病雏鹅及时用止泻、消炎、杀菌的药物治疗。①大蒜1~2克，捣拦喂服，或将大蒜100克捣烂加白酒250毫升浸泡7天，过滤去渣取液，每只病鹅喂服1~2毫升，每日2次，连用2~3天。也可在饲料中加入2%药用碳有一定疗效。②用磺胺脒（SD），成年病鹅每只0.5~1片，雏鹅每只1/3~1/2片，1日3次，研末拌入鹅饲料中喂饲，首次用量宜稍大，以尽快发挥作用；③对脱水严重的病鹅可用补液盐（葡萄糖20克、氯化钠3.5克、碳酸氢钠2.5克、氯化钾1.5克，凉开水1 000毫升，混匀），让病鹅自饮，当病情好转时，可用小剂量维持1~2天，以免复发。

二、普通肺炎

鹅的肺炎多为支气管肺炎。本病由肺炎双球菌侵害肺部所致。临床上以体温升高、咳喘、呼吸困难为特征，主要是由于营养不良，鹅舍潮湿阴冷，卫生差，饲养密度大，过于拥挤，鹅体受寒感冒之后未能及时治疗，易引起肺炎发生。多发生于10日龄左右的雏鹅。

1. 症状

病鹅主要精神萎靡不振，离群独居，体温升高，少食或废食，喜喝水，伸颈张口咳喘，呼吸困难，叫声嘶哑。若不及时治疗，常因窒息而死。由感冒继发的肺炎，病鹅有感冒的先期症状。

2. 诊断

主要根据病史，临床症状上体温上升、伸颈张口咳喘，呼吸困难、叫声嘶哑等特征及剖检肺部的病变可作出诊断。

3. 防治方法

（1）预防。加强饲养管理，鹅舍采风和通风良好，雏鹅要注意保温，适当作舍外运动，提高机体抗病力。鹅在放牧或在舍外放养时，遇有风雨，特别是严寒天气，要及时赶进防雨棚或舍内，避免暴雨时放牧，防止发生感冒。发现感冒后要及时治疗，以免继发肺炎。

（2）治疗。发病后立即将病鹅单独饲养，并及时喂服土霉素，每次按每千克体重100毫克拌料喂服，每日2次，连喂3~4天。或用磺胺二甲基嘧啶，每只雏鹅每日25克拌料喂服，每日3次，连喂3~5天。鹅病严重可肌内注射青霉素，每只雏鹅2 000~4 000单位，每日1~2次，连注3~5天。

三、鹅喉气管炎

本病以鼻流黏液和呼吸困难为本病主要特征。发生主要是由于受寒感冒，鹅舍通风不良，潮湿，过于拥挤或吸入有害气体等引起本病。

1. 症状

病鹅精神沉郁，行动迟缓，羽毛松乱，食欲减退或废绝。结膜潮红，行动迟缓，鼻流黏液和呼吸困难，病鹅常伸颈张口，呼吸时发出"咯咯"的声响，特别是驱赶后，症状尤为明显。病情严重的，如不适当治疗，几天后死亡，病轻者可自愈。

2. 剖检

可见喉气管黏膜充血，肿胀，有点状出血，并含有大量泡沫状黏液。

3. 诊断

根据本病临床症状和剖检病变可做出初步诊断。确诊需进行实验室镜检病原体。

4. 防治方法

（1）预防。加强饲养管理，搞好环境养鹅场地，垫草的清洁卫生，保持鹅舍通风干燥，秋季、冬季和天气骤变时注意对雏鹅的保暖，防止受寒感冒。

（2）治疗 ①中药疗法用麻黄、知母、黄连各30克；桔梗、陈皮各25克，紫苏、杏仁、百部、薄荷、桂枝各20克，甘草15克，共煎水3次取药汁任鹅饮用。②西药用口服土霉素：每只成鹅100万~250万单位，每天2次，连服2~3天。或用青霉素：每千克体重1万单位，链霉素0.01克，混合1次肌注，每天2次，连用4—5天。也可用卡那霉素，每只每日2.5毫升，肌内注射，每天1~2次，连注3~5天或用磺胺二甲基嘧啶 0.3% 均匀拌入饲料，连喂 5~7 天。

四、中暑

中暑是日射病与热射病的统称。由于鹅体羽绒密生，鹅没有汗腺调节体温，在炎夏高温季节鹅常因大群饲养，密度大，过于拥挤，鹅舍潮湿、闷热，供水不足或夏季长途运输，车船中鹅群过于密集拥挤，通风不良，机体散热困难，体内积热，引起中枢神经系统机能紊乱。炎热夏天，鹅群长时间在烈日曝晒下放牧，导致鹅脑膜充血和脑实质的急性病变而发生日射病，鹅中暑，鹅中暑后发病急，多群发，病情剧烈，死亡快。如未及时急救治疗可造成大批或部分鹅死亡。

1. 症状

病鹅体温升高，呼吸急速，张口伸颈喘气，口渴，饮水量增加，烦躁不安，继而精神沉郁，翅膀张开下垂，站立不稳、蹬腿、口吐黏液，严重虚脱，颤抖、痉挛，在短时间内昏迷倒地而死。

2. 剖检

鹅中暑后病死鹅可见病鹅大脑实质和脑膜充血、出血、肿胀，若热射病并有大脑水肿，热射病全身静脉淤血，血凝不良，并有不同程度心、肺、肝淤血。

3. 诊断

根据鹅受热原因，病鹅突然烦躁不安，体温升高，昏迷，运动功能丧失等。临床症状和病理剖检病变即可确诊。

4. 防治方法

（1）预防。饲养密度不宜过大，鹅舍要通风干燥，鹅群不要密集，运动场炎热季节要有树荫或搭盖遮荫棚，并要供给充足饮水。夏季放牧应早出晚归，避免中午烈日下酷热放牧。有条件者可选择阴凉地方放牧。如要长途运输，车厢要通风。夏季要在夜间运送，防止鹅群过于拥挤。发现鹅中暑应及时防暑降温和急救。

（2）治疗。发现鹅群发生中暑时，应立即赶到有树阴的阴凉通风处，促进散热降温，进行急救，并把鹅群赶下水中或将病鹅放入冷水盆内冷水中浸一下，用鲜荷叶、西瓜皮水煎，待冷，任其饮用，以降低体温。个别病重者，先放翅膀内侧静脉血，然后灌服十滴水（稀释5~10倍）每只1毫升，昏迷者用8~10滴，肌内注射安钠加注射液2毫升，即能痊愈。

五、雏鹅啄羽癖

雏鹅啄羽癖病因很复杂，主要是饲料中营养缺乏蛋白质或某些必需氨基酸，或缺少某些微生素等营养成分中钙磷含量不足或比例失调；或缺少某些微生素和管理不当引起的，如饲喂不定时，不定量。此外，鹅舍小、缺乏运动，饲养鹅群密集，过于拥挤、温度湿度不适宜、光线过强、或鹅患体外寄生虫病等都可导致本病的发生。多发生于产蛋高峰期和换羽期。

1. 症状

雏鹅病初只有个别或少数互相啄食羽毛，不久扩展到大群雏鹅互相啄羽。病雏鹅羽毛蓬乱。严重时鹅背、尾羽及肛门周围羽毛被啄光，皮肤裸露，严重时雏鹅被啄伤致死。

2. 防治方法

（1）预防。平时要改善饲养管理条件，建立合理的饲喂、饮水制度，每次喂料间隔最好是 4~5 小时，每日饲喂要定时定量。喂雏鹅的饲料营养成分要配合全面，日粮配合尽可能全面，不能喂单一的饲料，特别是蛋白质饲料、矿物质和维生素不可缺少，最好喂一点鱼粉、肉类等动物性饲料，以增添缺乏某些必需氨基酸（色氨酸或蛋氨酸）的营养，增加粗纤维含量，如谷糠、稻草粉等。同时饲料中添补少量的添加剂。每只鹅每天补充少量钠盐。饲养密度合理，鹅舍温湿度要适宜，光线不强，增加运动。对防治本病具有良好的效果。

（2）治疗。食羽癖多由于饲料中硫酸钙不足所致，可在饲料中加入生石膏粉，每只鹅每天 1~3 克疗效很好，能使雏鹅啄羽癖很快消失。但不能长期饲喂，以防食盐中毒。对患病的雏鹅要做到及时发现，及时隔离，单独饲养治疗，淘汰难以治愈的啄羽恶癖的鹅。

■ 六、有机磷农药中毒

有机磷农药有剧毒，其种类很多，如 1605、1059、敌百虫、敌敌畏、乐果、辛硫磷等。由于农药在农业上广泛应用，而鹅类对有机磷农药特别敏感。中毒临床以流泪、流涎、腹泻和神经机能紊乱为特征。鹅由于误食喷洒过有机磷农药污染的饲料、野菜、青牧草及谷类、植物种子及饮水等会引起中毒。若用敌百虫驱除鹅体寄生虫时，如用浓度超过 0.5%也会引起鹅中毒。有机磷农药进入机体后，与体内胆碱脂酶相结合，使酶失去活性，不能被水解成乙酰胆碱，导致乙酰胆碱在体内蓄积过多而中毒。其发病急、多群发、死亡率高。

1. 症状

鹅误食喷洒过有机磷杀虫剂饲料后中毒突然发病停食，发病急剧，常常见不到任何症状而突然死亡。急性中毒较严重的表现精神兴奋不安，两脚发软，站立不稳，瞳孔缩小，流泪，口吐白沫，呕吐，食欲废绝，口渴，频频摇头，从口中甩出食物，并从口角流出多量黏液。呼吸困难，下痢，频频排稀粪，肌肉颤抖，体温下降，最后倒地抽搐、昏迷死亡。

2. 剖检

可在胃内容物嗅到有大蒜气味，胃肠黏膜有充血、出血，肿胀，黏膜易脱落，肝、肾肿大、质地变脆，肺充血水肿，心肌、心冠、直肠有出血点，血液呈暗黑色。

3. 诊断

根据鹅食饲料情况及发生的临床特征症状和剖检病变即可基本作出诊断。确诊可将病鹅嗉囊中的食物送往化验室，进行食物毒性检验。

4. 防治方法

（1）预防。加强饲养管理对农药要妥善保管，防止遗散而污染饲料、饮水和环境。严禁在刚喷洒过含有有机磷农药的农田及其附近池塘、水沟放牧，要隔一定时间才可放牧，以免造成放牧时中毒。若作为鹅体外杀虫剂，用药时必须控制用量和药液浓度，确保鹅群安全。

（2）治疗。一旦发生鹅中毒，应立即消除毒源，先及时用手压方法将食道内存留的食物挤压出来，反复几次可以减少农药吸收，也有利于解毒。及时用特效药如解磷定和阿托品结合使用解毒。解磷定注射液，每只成年鹅每次静脉注射45毫升，每隔30分钟内服阿托品片1片（碾碎），以后每半小时喂服半片（碾碎）连服2~3次或肌内注射硫酸阿托品，成鹅每只每次注射1~2毫升，隔20分钟后再注射1次，至症状明显缓解后，酌情酌量使用，直至症状消失为止，并给予充分饮水。若为1605农药中毒，成鹅每只灌服1%~2%石灰水上清液3~5毫升（敌百虫中毒禁用石灰水解救，因它可使敌百虫变成毒性更强的敌敌畏）。敌百虫毒性大不能用于内服驱虫。

■ 七、皮下气肿

皮下气肿，又叫气囊破裂，俗称气鹅。常因捕鹅用力过猛或互相角斗，摔打伤、撞击伤、挤压伤等，导致呼吸道损伤或气囊破裂，使空气进入组织与间隙皮下而致病。

1. 症状

病鹅大多仍有食欲，能下水游泳，但不能潜入水中。头颈和身体前部皮下充满气体，膨大状如气袋，触诊富有弹性和捻发音。有的气肿局限于胸廓部，少数病例全身皮下气肿，如不及时处理而气肿加重，精神沉郁，行动迟缓，呆立和呼吸困难。

2. 防治方法

（1）预防。加强饲养管理，减少或避免鹅互相角斗和捕鹅，防止各种外伤。

（2）治疗。发病时可用注射针头刺入气肿皮下，并用手指轻轻按压，排出积气；或用注射器分点抽出积气，严重的常需要反复多次穿刺放气才能收效。在治疗过程中应保持病鹅安静，有助于治愈。对于捕捉用力过大骨折造成鹅体壁损伤引起的皮下气肿则无治疗意义。

八、软脚病

软脚病，即病鹅两脚发软无力，步态不稳，跛行行走困难的疾病，大群密集饲养常易发生。病因主要是因为饲养管理不当，如育雏室湿冷，光照和运动不足或日粮营养不全，矿物质和维生素 D_3 缺乏或是钙、磷比例不适当，常引起本病。多发生于雏鹅及产蛋母鹅。

1. 症状

病初两脚发软，行走无力，走路摇摆，跛行急走容易摔倒，常蹲下，随病程延长，两脚不能正常站立和自由行动。病鹅移动时肘关节着地，甚至用两翅膀支撑地面行走。鹅严重骨软易弯，有的关节肿大变形，导致病鹅瘫痪，造成病鹅采食和饮水困难，并发生日渐消瘦，衰竭和易继发其他病而死亡。

［诊断］根据病鹅软脚临床典型症状即可做出诊断。

2. 防治方法

（1）预防。要保持育雏舍室温、干燥，饲养密度不宜过于拥挤，适当增加光照时间。同时要别喂给小鹅营养全价的日粮，各种饲料搭配要合理。垫物应保持干燥、松软。

（2）治疗。一旦发现病鹅，要及时单独饲养。在日粮中添加维生素 A、维生素 D 和钙盐，但不能在饲料中增加过多的钙物质（不能超过 3%），否则后期治疗效果较差。成年鹅严重病例每只每次肌内注射维生素丁胶性钙 2 毫升，幼鹅每只每次肌内注射 1 毫升，一般注射 2~3 天为 1 疗程。如配合填喂适量鱼肝油丸疗效显著。

九、蛋秘与输卵管脱垂

蛋秘称蛋滞留，又叫难产，即母鹅产不下蛋的一种疾患。引起蛋秘的病因是由于鹅产蛋型太大，或产双黄蛋，无法通过输卵管，也有的是输卵管发炎、狭窄或扭转，使蛋阻塞在输卵管内而无法产出，或鹅蛋横位，使蛋无法通过输卵管。多发生于初产的青年鹅，过肥的老年鹅。

母鹅输卵管脱垂，又称输卵管外翻，常发生于母鹅的产蛋高峰期，高产母鹅多发难产时，由于蛋体过大、过份用力努责而引起输卵管外翻；另外母鹅输卵管炎和泄殖腔发炎时，因炎症刺激，引起母鹅不断地强力努责，引起输卵管和泄殖腔同时脱出。

1. 症状

母鹅蛋秘时表现不安，常伏在巢窝中不出来，不断下蹲做产蛋姿势，但产不出蛋，时间久后呈现衰竭无力，如连积几个蛋于输卵管内，则常使蛋破裂，引起鹅蛋腐败产生毒素，最终导致死亡。

母鹅有输卵管病，精神沉郁，食欲减少，在肛门外面脱出一段充血发红的输卵管或泄殖腔2~3天后就变成暗红色，瘀血甚至发绀，病鹅努责不安。如不及时整复，脱出部分可引起炎症，发生水肿溃烂坏死或形成创伤，因细菌感染而引起败血症死亡。

2. 治疗方法

（1）母鹅难产。应及早发现，及时用不同的处理方法治疗。①鹅蛋过大，可用金属探针或较粗针头，针尖磨钝，轻轻插入泄殖腔内，将蛋壳戳破，使蛋黄和蛋白流出，然后再仔细地取出蛋壳。术后用0.1%高锰酸钾溶液冲洗即可。②鹅蛋横位时可进行人工助产，可用手指取出。施术时，用石蜡油或凡士林涂于产蛋鹅泄殖腔内，以减少产蛋阻力。手指涂上油剂缓缓插入泄殖腔内，摸清蛋的变位情况，再用手指拨动鹅蛋，拨正蛋的位置。同时用另一手挤压腹部，然后用食指将蛋勾出。如用上法无效时，用一锐物体将蛋捣破流出蛋黄、蛋青，然后用0.1%高锰酸钾溶液冲洗消毒。

（2）母鹅输卵管脱垂用下列方法治疗。①用0.1%高锰酸钾或2%雷佛奴尔溶液：将脱垂部分冲洗干净。涂上金霉素眼膏。如有水肿，用注射针头在黏膜上乱刺，并用手指压挤出水肿液，然后轻轻推入肛门还纳复位。肛门周围皮肤，作临时性袋口式缝合。并可往输卵管内注入冷的消毒液，以减轻充血和促进其收缩，经2~3天可恢复。②麻醉法：先用一般消毒液洗净脱出部分，再用1%普鲁卡因溶液浸渍2分钟，并在肛门周围作局部麻醉，以减轻疼痛。把输卵管送入肛门后，在肛门周围皮肤上作口袋缝合，以使粪便能通过为度，可防止输卵管继续脱垂，经 2~3 天把缝线拆除即愈。在治疗期同时注射青霉素和链霉素，每只母鹅肌肉注射 15 万~20 万单位或口服土霉素按 0.2%混料喂服。对于母鹅继续产蛋脱垂会反复出现，治疗效果不佳应予淘汰。

第十章　公鹅阉割术

第一节　阉割目的

在公鹅育肥前，对不留作种用的公鹅在性成熟之前进行阉割，摘除公鹅的生殖腺（睾丸）后，可使鹅性情温顺，生长迅速，有利育肥，肉质更加细嫩，也能提高羽毛质量。增膘增羽，据调查，阉过的雄鹅平均每只增长 0.75~1 千克，而且鹅羽毛光泽好，羽绒质量好。同时，可以淘汰不良种鹅，有利于优良鹅品种选育。同时禽阉割术（又称去势术）操作方法简单、迅速、安全，无副作用。

第二节　与阉割有关的解剖知识

公鹅的生殖系统是由睾丸、睾丸旁导管系统、输精管和阴茎组成（图 10-1）。公鹅阉割术就是摘除其生殖腺（睾丸）。

公鹅睾丸有 1 对，卵圆形，位于腰部前方脊椎两侧腹腔内肾的腹侧前端，以短的睾丸系膜悬挂在肾前叶的腹侧，被

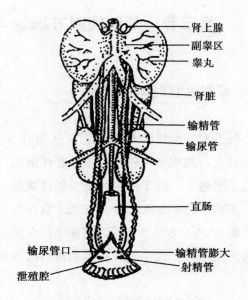

图 10-1　公鹅生死系统的构成

腹囊包围。通常呈淡乳黄色或乳白色的长椭圆形，质地松软。左侧睾丸比右侧睾丸稍大且长，在繁殖季节体积会进一步增大。据测定，睾丸不仅是精子生成的器官，而且睾丸内的间质细胞分泌雄性激素，促进性发育。繁殖季节性活动期睾丸的体积比静止期增大 20～50 倍。鹅没有明显的附睾，在睾丸的背内侧，有许多与睾丸紧密连接的短导管，组成睾丸旁导管系统。

第三节 公鹅阉割方法

一、阉割适宜时间和场地

阉割公鹅手术一般鹅龄 4~5 个月，体重在 3 千克左右，进行，鹅龄过大，阉割手术较难，不易套住取出，且容易出血创口过大不易愈合。如果阉割过早，鹅体抵抗力差，同时睾丸过小，不利于施术摘除去势。阉割术宜在 3—7 月进行，最适宜的气温为 20~30℃，夏季高温和冬季气温过低不宜阉割。施术选无风早晨，选择光线充足和清洁的场地进行阉割为宜。

二、阉割器械与药品

与阉割鸡所用的手术器械基本相同，如手术刀（可用刮胡髯刀片）、扩创弓、托睾勺、套睾器等（图 10-2），并需要一些消毒用的药棉和 5% 碘酒或 15% 乙醇（酒精）。还要准备止血药及抗生素。

三、阉前检查与准备

阉割前应仔细观察公鹅有无疾病，如羽毛光泽度以及紧凑或蓬松，食欲与呼吸次数行动、是否正常，粪便是否正常，

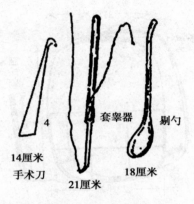

图 10-2　阉割用具

以及肛门周围有无稀粪黏附等情况，确定是健康的鹅才能施术。如有疾病，不宜阉割的，待恢复正常后再施术。阉前应禁食半天，并要对术部进行拔毛，并用 70% 酒精棉球进行消毒和手术器械的消毒。

四、保定方法

为了顺利施行阉割手术，阉前必须对鹅进行保定。保定方法是，术者坐在矮凳上，将需要阉割鹅的两个翅膀合并捆扎，用右脚尖踩住，固定鹅的颈部，右侧卧式保定。鹅的颈项长，术前固定时要把公鹅的颈项放入手术固定板左前侧的孔内（图 10-3），以免施术时鹅回头啄术者，同时也便于施术操作。

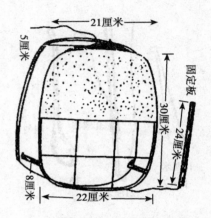

图 10-3 阉割鹅用的手术架

五、手术部位

阉割鹅施术刀必须准确选好切口部位，公鹅的睾丸在腰部前方脊椎的两侧位置，手术部位应选在左侧从后向前数第 1 肋骨与第 2 肋骨间。施术摘除睾丸时阉割切口部位一定准确注意不能损伤作有关器官。

六、阉割方法

术前先拨掉术部的羽毛并在术部位涂以碘酒或 70% 乙醇棉球消毒。施术时用左手压缩肌肉，右手持消毒的手术刀作一与肋骨平行的切口。切口长约 3 厘米，刀口深约 0.5 厘米，并在切口上用消毒过的扩张器将创口扩成菱形，再用刀柄的钩子轻轻挑开腹膜后，使切口通向腹腔，即可见到形状长椭圆形象黄豆、颜色为浅黄色或乳白色的睾丸。此时，用托睾勺压肠，睾丸突出，左手持勺，压住小肠，右手持消毒过的套睾器，套住睾丸根部，两手协作，拉紧棕套，左手持棕杆，右手持棕线（图10-4）。上下做拉锯式，将睾丸轻轻扭转摘除后，及时用托睾勺提取出睾丸。然后再用同样方法取出另一侧睾丸。摘取时，应先取下面的睾丸，后取上面的睾丸，以防止摘除上面睾丸时损伤血管而出血，致使下面的睾丸不易找到。最后取下扩张器，使肌肉复位。切口周围皮肤涂5%碘酊严格消毒，不必缝合。只要肠子不从创口外露，创口不必作任何处理会自然愈合。解除保定，将阉鹅轻轻放在鹅舍干净的垫草上，让其安静休息。并加强护理。单独饲养1周，特别不能放入潮湿和有污垢的鹅舍，防止切口感染。

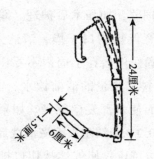

图10-4 伤口扩张弓

第四节 阉割注意事项及护理

1. 阉割时

手术器械及手术部件必须彻底消毒，做到无菌操作，防止创口感染发炎。

2. 在阉割过程中

必须细心操作，避免伤及血管，防止刺伤出血。若不慎损伤肾脏动脉而出血时，可用棉球压迫止血，或用套睾器的勺压迫止血，然后将血凝块慢慢取出，防止与内脏粘连。

3. 阉后鹅的伤口处

如空气进入而发生气肿，可用手指挤压气肿部位使气体从切口缓慢排出。

4. 阉鹅

必须分群隔离饲养，加强术后护理。鹅舍要求干燥、清洁，勤换垫草，注意保持切口干燥、清洁，防止污染切口，鹅舍内空气要求流通。阉后在 1 周内不要让鹅下水，并喂以清洁的易消化的饲料和少量的清洁饮水。饮水器不宜过大，以免泥水污染伤口而使术部发生感染。如果创口发炎，流出脓性分泌物，可用 0.1% 新洁尔灭溶液清洗局部；如果切口附近有气肿，可用手指挤压，使气体从切口排出；如果切口已经愈合，可在气肿最突出处用清洁的剪刀剪一小切口，使气体排出，切口涂上 5% 碘酊消毒。创口严重感染的公鹅应该用抗生素或磺胺药物治疗。个别阉鹅发生厌食，可人工强行喂食。阉鹅放牧时，切忌猛赶上下坎，以防创口损伤而影响愈合。

第五节　阉术后出血的处理方法

阉鹅手术如果手术操作方法不正确，或施阉术拉不出睾丸时用力过猛损伤血管破裂，或手术时间长，护理不当等均可出现鹅阉术后部位出血，使术部模糊不清影响施术，容易误伤大血管出血不止，甚至危及阉鹅生命，因此需及时进行止血处理，防止出血过多。

轻度呈点状出血可采用冷水洒腰背部止血，在伤口处涂布少许云南白药，也可用止血粉处方。侧柏炭 1 份，血余炭头发烧灰 1 份，白芨 2 份，共研细末即成。或用钳夹法止血，即用止血钳尖端垂直地对出血点进行钳夹并捻转，使血管闭塞而止血。钳夹组织要少，一般小血管出血经持续钳夹之后，放松止血钳可不再出血。如阉术组织出血不能立即钳夹时，则以手指暂时夹住，以防失血过多。然后采用其他止血措施。如较大血管钳夹之后还须结扎方法止血。止血带结扎时间不应超过 2 小时，如在此时间内阉术完毕，可将止血带放松 1—2 分钟再重新结扎，否则易引起局部血液循环障碍，在结扎以下部分发生坏死。大血管损伤无法显露血管和无法结扎时可用纱布块暂时按压止血。为了辩认组织、血管、神经等，这种止血法只能按压，不能来回擦拭血液，以免损伤组织、血管和神经。

参考文献

陈耀王 . 1999. 快速养鹅与鹅肥肝生产 [M]. 北京：科学技术文献出版社 .

高本刚 . 2001. 养禽高产与禽产品加工技术 [M]. 北京：人民军医出版社 .

高本刚，黄仁术，李跃亭 . 2006. 养鹅高产技术与鹅产品加工 [M]. 北京：中国林业出版社 .

高本刚，凌明亮 . 2002. 畜禽阉割手册 [M]. 北京：中国农业出版社 .

高松，高程 . 2001. 简易孵禽法 [M]. 北京：中国农业出版社 .

高本刚，李典友 . 2017. 家禽疾病诊治及阉割术 [M]. 郑州：河南科学技术出版社 .

刘福桂，张齐明，牛竹叶 . 2002. 最新鸡、鸭、鹅饲养管理技术大全 [M]. 北京：中国农业出版社 .

王继文，刘安芳，兰英 . 2005. 怎样提高养鹅效益 [M]. 北京：金盾出版社 .

王珏等 . 1993. 皖西白鹅的饲养和综合利用 [M]. 合肥：安徽科学技术出版社 .

尹兆正，余东游，祝春雷 . 2001. 养鹅手册 [M]. 北京：中国农业大学出版社 .